微生物が家を破壊する

コンクリートの腐食と宅地の盤膨れ

山中健生 著

技報堂出版

はじめに

　近年，下水処理施設のコンクリートが耐用年数よりはるかに短い年数内に，表面が豆腐をくっつけたようになり，スパチュラ(化学さじ)で掻き落すことができるまでに腐食されるのが問題になっている．これは，下水中で硫酸還元菌の働きで生じた硫化水素が，空気中へ出たところでコンクリート表面に生息する硫黄酸化細菌の作用で酸化され硫酸が生じ，この硫酸によりコンクリートが腐食されるためであることがわかってきた．さらに，腐食されたコンクリートの中には好酸性鉄酸化細菌も生息していることもわかった．

　一方，たとえば，福島県いわき市周辺では，一戸建の家屋の床下の地盤が不均等に盛り上がり家が傾くという宅地の盤膨れが起きている．この現象は住宅に限ったことではなく，工場の床版下の地盤の隆起という形でもみられる．現在までに，もっともはげく隆起したところでは，48 cm も盛り上がっている．このような現象のみられる場所の土のなかには，硫酸還元菌，硫黄酸化細菌，好酸性鉄酸化細菌の3種類の細菌が生息していることがわかった．そして，これら3種類の細菌の協調作用で土が膨れ上がることがわかったのである．

　本書では，まず，第1章で，コンクリートの腐食や宅地の盤膨れに関与する細菌の諸性質について述べた後，第2章で，実際にこれらの細菌の協調作用で，どのようにしてコンクリートの腐食が起きるか，また，腐食にかかわる細菌の生育に対する防菌剤，ギ酸カルシウムの効果などについて述べ，第3章で，宅地の盤膨れが起きる

メカニズムについて述べた．細菌の諸性質は，ものの順序として第1章で記述したのであるが，土木工学等をご専門とされる方は，むしろ第2章，第3章をお読みになった後，第1章に目を通していただいたほうが，一層ご興味をおもちいただけるかもしれない．

本書で述べた内容は，何ぶんにも実証に長時間かかるため，ある程度未確定な点もあるかもしれない．が，学生諸君には，コンクリートの腐食や宅地の盤膨れが，細菌の作用で起きるという事実を知っていただければありがたいし，コンクリートの腐食や基盤の土質等の研究者，技術者の方々にも，多少なりともご参考になるところがあれば幸いである．なお，化学反応式もある程度出てくるが，化学式がわかりにくいとおっしゃる方のためにできるだけ物質名を添えておいた．

コンクリートの腐食に関する記述は，(株) フジタ，とくに，技術センターの渡辺直樹氏，土田恭義氏，平澤光春氏，渡部嗣道博士 (現 大阪市立大学生活科学部)，および，日本下水道管理 (株) 元社長 牧 和郎氏のご協力に負うところが大であり，宅地の盤膨れに関しては，(株) ヨウタ会長 陽田秀道博士のご協力に負うところが大である．また，内容全体を通じて，日本大学理工学部物質応用化学科の谷川 実氏，庄子和夫博士，ならびに歴代の学生諸氏には多大のご協力をいただいた．以上の方々に深く感謝する．さらに，本書の刊行にあたり大変お世話になった技報堂出版 (株) の天野重雄氏に心から感謝する．

2004 年 7 月

山中健生

第1章 細菌の諸性質 *1*

1.1 細菌が生きるためのエネルギー *1*
 1.1.1 有機物を O_2 で酸化 *3*
 1.1.2 有機物を O_2 以外の無機物で酸化 *4*
 1.1.3 有機物を有機物で酸化 *6*
 1.1.4 無機物を O_2 で酸化 *9*
 1.1.5 無機物を O_2 以外の無機物で酸化 *12*

1.2 シトクロム *14*
 1.2.1 ヘム *14*
 1.2.2 シトクロムとその機能 *16*

1.3 DNA の GC 含量 *18*
 1.3.1 DNA の構造 *18*
 1.3.2 DNA の精製 *20*
 1.3.3 DNA の GC 含量の測定 *21*

1.4 硫酸還元菌 *24*
 1.4.1 硫酸還元菌の培養 *25*
 1.4.2 硫酸還元菌の生育の測定 *26*
 1.4.3 硫酸還元メカニズム *27*
 1.4.4 硫酸還元菌により生命の起源の古さを探る *32*

1.5 硫黄酸化細菌 *36*
 1.5.1 硫黄酸化細菌の培養 *36*

  1.5.2　硫黄化合物の酸化　*42*

  1.5.3　深海底の動物界を支える硫黄酸化細菌　*46*

1.6　好酸性鉄酸化細菌 *50*

  1.6.1　好酸性鉄酸化細菌の培養　*50*

  1.6.2　二価鉄の酸化メカニズム　*51*

  1.6.3　好酸性鉄酸化細菌のいろいろな性質　*52*

  1.6.4　好酸性鉄酸化細菌の利用　*54*

第 2 章　細菌によるコンクリートの腐食 ... *61*

2.1　被腐食コンクリート中に生息する細菌の検索 *61*

  2.1.1　硫黄酸化細菌　*63*

  2.1.2　被腐食コンクリート中には
     複数種の硫黄酸化細菌がいる　*70*

  2.1.3　ギ酸カルシウムによる硫黄酸化細菌の生育阻害　*73*

  2.1.4　好酸性鉄酸化細菌　*76*

2.2　細菌によるコンクリートの腐食メカニズム *80*

  2.2.1　コンクリート表面の腐食の様子　*80*

  2.2.2　テストピースの曝露実験　*83*

第 3 章　宅地の盤膨れ *89*

3.1 盤膨れの概要 *89*
3.2 細菌の検索 *96*
    3.2.1　硫酸還元菌　*96*
    3.2.2　硫黄酸化細菌　*97*
    3.2.3　好酸性鉄酸化細菌　*98*
    3.2.4　好酸性鉄酸化細菌によるパイライトの酸化　*100*
3.3 盤膨れと細菌の関係 *102*
    3.3.1　2 種類の細菌の
          協調作用によるパイライトの酸化　*102*
    3.3.2　盤膨れのメカニズム　*104*

参考文献 *107*

索　　引 *113*

☆ コラム目次

グラム染色	5
NAD と NADP	8
発酵と呼吸	10
ニンヒドリン反応	26
コエンザイム A(CoASH)	28
アデニリル硫酸 (アデノシン–5′–ホスホ硫酸, APS)	29
フェレドキシン	30
フラビン酵素	31
細菌の染色用色素溶液	40
グルタチオンの構造式	44
銅の浸出における $Fe_2(SO_4)_3$ と $FeCl_3$ の違い	56
黒鉱	58
pH と H^+ との関係	82
新生代新第三紀	92
頁岩	94
ロダン塩法と o–フェナントロリン法	99
硫酸の定量	103

第1章　細菌の諸性質

1.1　細菌が生きるためのエネルギー

生物は生命過程を維持するためにエネルギーを必要とする．このエネルギーは多くの場合，アデノシン–5′–三リン酸 (ATP) がアデノシン–5′–二リン酸 (ADP) に酵素的に加水分解されることにより供給される (なお，ADP から 1 個のリン酸が外れた化合物を 5′–アデニル酸 (AMP) という)．

$$\text{ATP} + \text{H}_2\text{O} \xrightarrow{\text{ATP アーゼ}} \text{ADP} + \text{リン酸} + 7.3\,\text{kcal} \quad (1.1)$$

ATP というのは，アデニンにリボースという糖が結合したアデノシンにリン酸が 3 分子結合した化合物である．3 番目のリン酸分子が切り離されると ADP となり，そのときエネルギーが放出される (図 **1.1**)．ATP 1 モルが ATP アーゼという酵素の作用で加水分解されると，7.3 kcal のエネルギーが放出され，このエネルギーが種々の生命過程に利用される．

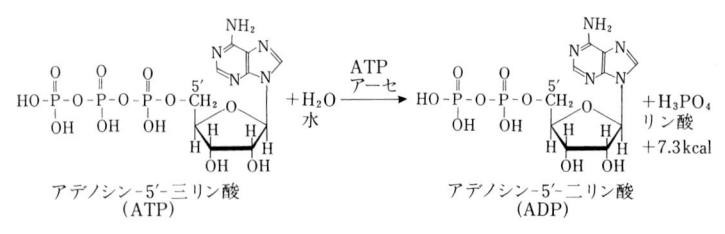

図 1.1 ATP と ADP の構造式および ATP の分解反応

体重 60 kg の成人が必要とする 1 日当りの基礎代謝エネルギーが，1 800 kcal であるとすると，

$$1\,800\,(\text{kcal}) \div 7.3\,(\text{kcal}) \doteqdot 247\,(モル)$$

の ATP が必要である．ATP 1 モルの質量は約 500 g であるから，247 モルの ATP の質量は約 124 kg となる．体重 60 kg の人間が 124 kg の ATP をもち運んでいるはずはない．人間 1 人がもっている ATP と ADP の総和質量は数 10 g しかないので，ADP をリサイクルして使用しているのである．ADP から ATP をつくるにはエネルギーが必要で，このエネルギーは食物から摂らなければならない (**図 1.2**)．

食物から ATP がつくられる過程 (エネルギー獲得過程) には多くの酵素が関与する．もちろん，ATP を分解する ATP アーゼも酵素である．細菌の場合も事情は同様で，ATP をつくるには餌を食べ

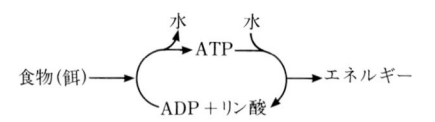

図 1.2 ATP と ADP を回転させて生命過程に必要なエネルギーを得ることを示す概念図

なければならない．ただ，細菌の場合は餌が多種類であり，エネルギー獲得過程もバラエティーに富んでいる．さらに，光を利用してエネルギーを獲得する光合成細菌というのがいるが，本書では光を利用する細菌は扱わない．

光を利用せずに ATP 合成のためのエネルギーを引き出すには，有機物あるいは無機物を分解するのであるが，その方法は大きくわけて 5 通りある．①有機物を酸素 (O_2) で酸化，②有機物を O_2 以外の無機物で酸化，③有機物を有機物で酸化，④無機物を O_2 で酸化，⑤無機物を O_2 以外の無機物で酸化する方法である．つぎに，種々の細菌についてエネルギー獲得様式 (ATP の生合成のしかた) について述べる．

1.1.1 有機物を O_2 で酸化

これは多くの細菌が行う過程であるが，細菌だけではなく，人間や動物もこの過程でエネルギーを得て ATP をつくっている (図 **1.3**)．

この過程は (普通の) 呼吸と呼ばれる．この過程では，有機物から抜き取られた水素原子 (電子＋水素イオン) が酸化酵素系 (電子伝達系) を経て O_2 に渡され，この間に遊離されるエネルギーで ATP が

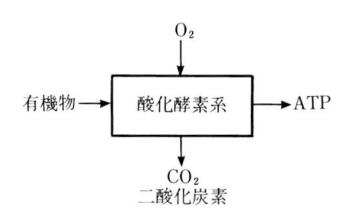

図 **1.3** 有機物を酸素で酸化 (呼吸) して ATP を生成することを示す概念図

生合成される。O_2 に電子を渡す，つまり，O_2 を還元する酵素にはシトクロム c オキシダーゼとキノールオキシダーゼがある。そして電子伝達系というのは，数種類のシトクロムというタンパク質から構成されている。シトクロムならびに電子伝達系については，**1.2** で述べる。

このような呼吸をする細菌は非常に多く，地球表面の有機物を分解して環境浄化に寄与している。

1.1.2 有機物を O_2 以外の無機物で酸化

O_2 のないところで，有機物を硫酸塩および硝酸塩で酸化して ATP をつくる過程 (図 **1.4**，図 **1.5**) がよく知られており，それぞれ，硫酸呼吸および硝酸呼吸とよばれる。

硫酸呼吸をする細菌は硫酸還元菌と呼ばれ，有機物を硫酸塩で酸化して ATP をつくる。その結果，硫酸塩は還元されて硫化水素が生じるので，環境汚染の原因になる。本書の主題であるコンクリートの腐食や宅地の盤膨れもこの細菌の関与があるから起きる。*Desulfovibrio* 属と *Desulfotomaculum* 属の細菌がよく知られてい

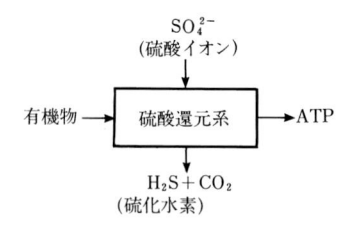

図 **1.4** 有機物を硫酸塩で酸化 (硫酸呼吸) して ATP を生成することを示す概念図

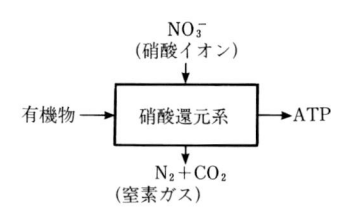

図 **1.5** 有機物を硝酸塩で酸化 (硝酸呼吸) して ATP を生成することを示す概念図

☆ グラム染色

> クリスチャン・グラム (Christian Gram) という人の発明した染色法で，細菌をクリスタルバイオレットで染色し，ルゴール液で処理後 95％アルコールに 20〜30 秒浸し，その後サフラニンで染色すると，細菌により濃青紫色に染まるものとピンクに染まるものとがある．濃青紫色に染まるものをグラム陽性細菌，ピンクに染まるものをグラム陰性細菌という．グラム陽性細菌は分厚いペプチドグリカンの細胞壁をもち，グラム陰性細菌は薄いペプチドグリカン層とタンパク質層からなる細胞壁をもつ．グラム陽性細菌はペニシリンで生育が阻害されるが，グラム陰性細菌は (淋菌を除いて) ペニシリンで生育が阻害されない．

るが，前者はグラム陰性細菌☆であり胞子はつくらないが，後者はグラム陽性細菌であり内生胞子をつくるなどの点で両者は違っている．また，*Desulfovibrio* 属の細菌は有機物を酢酸にまでしか酸化できない．残った酢酸をメタン生成細菌がメタンにする場合があるので，硫酸還元菌がメタン生成細菌によるメタン発生にかかわることがある．硫酸還元菌については，**1.3** でくわしく述べる．

硝酸呼吸をする細菌の多くは，硝酸塩を還元して窒素ガス (N_2) にするので脱窒細菌とも呼ばれる．中には硝酸塩を亜硝酸塩にまでしか還元しないものやアンモニアに還元するものもある．硝酸呼吸をする細菌はコンクリートの腐食や宅地の盤膨れには直接関係ないが，地球上における窒素の循環とは大いに関係がある．

硝酸呼吸においては，有機物を硝酸塩で酸化すると，硝酸塩は亜

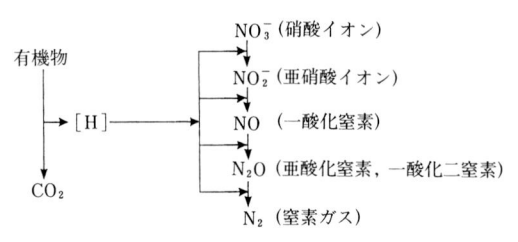

```
有機物 ──┐         NO₃⁻ (硝酸イオン)
         ↓       ↗
        [H] ──→ → NO₂⁻ (亜硝酸イオン)
         ↓       → NO  (一酸化窒素)
        CO₂      → N₂O (亜酸化窒素, 一酸化二窒素)
                 ↘ N₂  (窒素ガス)
```

図 **1.6** 硝酸呼吸における各反応過程 (図 **1.5** の硝酸還元系の内容)

硝酸塩に還元される．生じた亜硝酸塩も，有機物を酸化して自らは還元されるというふうにして，硝酸塩は結局 N_2 になる．硝酸塩が N_2 にまで還元される経路は図 **1.6** に示すようなもので，各窒素化合物が有機物を酸化する過程で ATP が生成されるが，窒素化合物の動きだけに注目した場合この過程は脱窒と呼ばれる．

硝酸呼吸をする細菌は，酸素の供給が不十分なところで硝酸塩が存在すると有機物を分解して環境浄化をする．さらに重要なことは，後述する硝化細菌の作用でアンモニアから生じた硝酸塩を，この硝酸呼吸をする細菌が窒素ガスに変えアンモニアによる汚染を浄化するとともに，地球表面における窒素の循環を可能にしていることである．

1.1.3 有機物を有機物で酸化

O_2 の利用できないところで，硫酸塩や硝酸塩などを用いずに有機物を分解 (ある場合は合成) して ATP をつくる過程がある．この過程では，始めと終りをみると，有機物の分解 (あるいは合成) であるが，途中の過程を調べてみると，有機物を有機物で酸化しており，このようにして ATP をつくる過程は発酵と呼ばれる．たとえば，ア

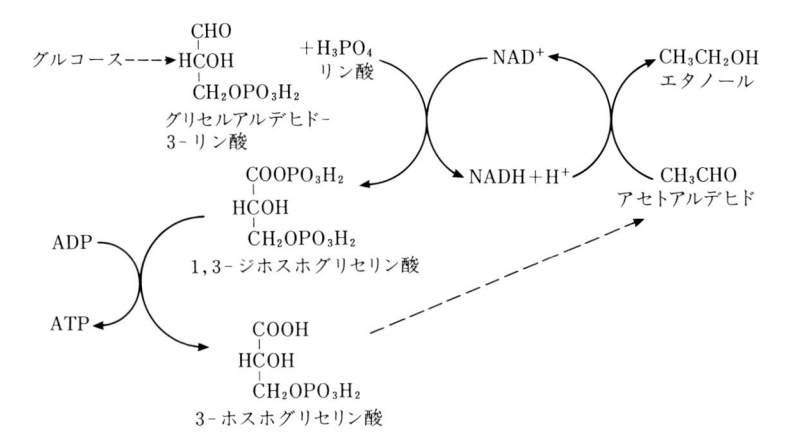

図 1.7 アルコール発酵における 1 過程
[グリセルアルデヒド–3–リン酸がアセトアルデヒドにより酸化されて 3-ホスホグリセリン酸になる．NAD^+, $NADH$ はニコチンアミドアデニンジヌクレオチドという補酵素の酸化型，還元型である ☆．]

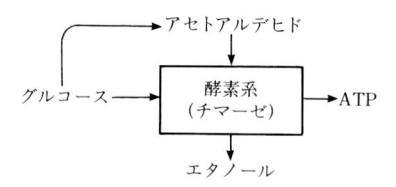

図 1.8 アルコール発酵で ATP が生成することを示す概念図

ルコール発酵で ATP をつくる直接の過程の 1 つは，図 **1.7** に示すようなものである．

アルコール発酵の過程全体をみると図 **1.8** のようになる．1 分子のグルコースから，2 分子のエタノール［(エチル) アルコール］と 2 分子の二酸化炭素 (CO_2) を生じる純粋アルコール発酵をする生物で，よく知られているのは，酵母と *Zymomonas* 属の細菌である．

> ### ☆NAD と NADP
>
> NAD はニコチンアミドアデニンジヌクレオチドの，また NADP はニコチンアミドアデニンジヌクレオチドリン酸の略語．これらは水素原子の運び屋であり，それぞれに酸化型 (NAD^+, $NADP^+$) と還元型 (NADH, NADPH) がある．NADH と NADPH は，いわば生体還元剤ともいえる物質で，種々の生体物質の還元に関与する．なお，NAD と NADP を同時に表すときは NAD(P) とし，酸化型は $NAD(P)^+$，還元型は NAD(P)H と表す．

これらの生物がアルコール発酵をするのは，O_2 が利用できない場合である．酵母は真核生物といって，その細胞構造が高等動植物のものと同じであり，細菌の細胞構造とは非常に違う．また，酵母と *Zymomonas* 属細菌とでは，アルコール発酵の反応過程が異なる．北半球やオーストラリアのアルコール飲料は酵母による発酵でつくられているが，たとえば，メキシコのテキーラの原酒であるプルケは，*Zymomonas* 属の細菌による発酵でつくられている．アルコール飲料の場合は，微生物や原料が違えば味や匂いも変ってそれぞれの特徴が出るが，将来，燃料としてのエタノールが必要になった場合は，どちらの微生物をアルコール発酵に使うのが得策であるかを考える必要がある．酵母は真核生物であるのでいわば育ちがお上品であるが，細菌のほうは比較的悪条件にも耐えうる可能性があるので，アルコール製造という点では *Zymomonas* 属細菌を使うほうがよいのかもしれない．それはともかく，アルコール発酵をする生物

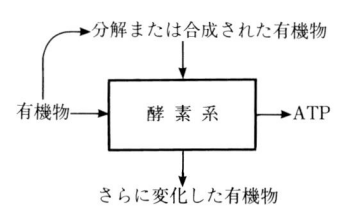

```
         ┌─→ 分解または合成された有機物
         │         ↓
有機物 ─→ │   酵 素 系   │ ─→ ATP
                   ↓
         さらに変化した有機物
```

図 **1.9** 発酵により微生物が ATP を生成することを示す概念図

も，O_2 がなく硫酸塩や硝酸塩もないところでは，有機物を分解して環境浄化に貢献している．

発酵の過程は，一般的には**図 1.9** のように表される．

発酵には，上記のアルコール発酵のほかにもいろいろなものがるが，アルコール発酵のほかでは，乳酸発酵が重要であろう．O_2 が利用できず，しかも，とくに硫酸塩や硝酸塩が少ない場所では，乳酸発酵は有機物を分解して環境浄化に寄与している．

以上，**1.1.1**，**1.1.2**，**1.1.3** で述べた 3 種類の栄養条件は，化学有機栄養 (化学合成従属栄養) と呼ばれ，この栄養条件で生育のためのエネルギーを得る生物を，化学有機栄養生物 (化学合成従属栄養生物) という．

1.1.4　無機物を O_2 で酸化

H_2S(硫化水素)，S^0(単体硫黄)，$S_2O_3^{2-}$(チオ硫酸イオン)，NH_3(アンモニア)，NO_2^-(亜硝酸イオン)，Fe^{2+}(二価鉄イオン)，H_2(水素ガス) などを O_2 で酸化して ATP をつくる過程があり，これも呼吸である．無機物を光を利用せずに分解してエネルギーを得る栄養条件は，次の**1.1.5** で述べる過程とともに，化学無機栄養 (化学合成独立

☆ 発酵と呼吸

　これまでは，有機物を O_2 や硝酸塩などで酸化して生命現象に必要なエネルギーを得る過程を呼吸といい，O_2 のないところで有機物を有機物で酸化してエネルギーを得る過程を発酵といってきた．しかし，これはエネルギーを得るための反応全体を見たときのことであり，もっと細部のメカニズムをみると，発酵と呼吸は根本的に異なっている．すなわち，発酵では ATP をつくる反応が，すべて有機物のリン酸化合物を中間体として進行する (基質レベルのリン酸化) が，呼吸では基質レベルのリン酸化のほかに，ATP 合成酵素による ATP の生合成も含まれている．また，ある生物の呼吸では，すべての ATP 生合成が ATP 合成酵素により行われている．ATP 合成酵素による ATP の生合成では H^+ の電気化学ポテンシャルを利用するので，生体膜の両側における電位，または H^+ 濃度 (およびその両方) の差が必要である．このように考えると，呼吸においては必ずしも有機物が酸化される必要はなく，以下に述べるように無機物の酸化の場合もある．

　なお，わが国ではとくに農芸化学分野で，「発酵」は，微生物を利用して物質を生産するという意味に使われている．アルコール発酵や乳酸発酵はもちろん発酵であるが，アミノ酸発酵，酢酸発酵，メタン発酵などは，微生物生理学の立場からは呼吸 (ないしは，呼吸による物質の生成) である．これらは，たとえば，アミノ酸発酵法でアミノ酸をつくる，としたほうがよい．

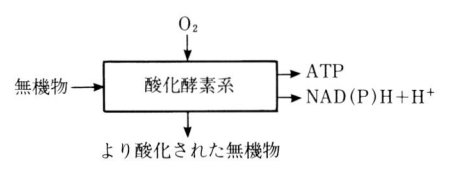

```
            O₂
             ↓
無機物 → ┌─────────┐ → ATP
         │ 酸化酵素系 │ → NAD(P)H+H⁺
         └─────────┘
             ↓
      より酸化された無機物
```

図 1.10 化学無機栄養細菌が無機物を酸化して ATP および NAD(P)H を生成することを示す概念図

栄養) と呼ばれる．無機物をエネルギー源として ATP を生成する過程は，図 **1.10** に示したようになる．

無機栄養細菌では，有機栄養細菌とは違って，CO_2 を還元して細胞構成物質などを合成する必要があるので，ATP のほかに NAD(P)H をも生成する必要がある．化学無機栄養細菌には，硫化水素など無機硫黄化合物を酸化する硫黄酸化細菌のほか，アンモニアを亜硝酸に酸化するアンモニア酸化細菌，亜硝酸を硝酸に酸化する亜硝酸酸化細菌，二価鉄イオン (Fe^{2+}) を三価鉄イオン (Fe^{3+}) に酸化する好酸性鉄酸化細菌などがあり，いずれも地球表面における物質循環に関与している．これらの細菌は，無機物から抜き取った水素 (電子＋H^+) を，電子伝達系と末端酸化酵素を介して O_2 に渡す．末端酸化酵素は，有機物を酸化する細菌の場合と同じく，ほとんどの場合，シトクロム c オキシダーゼであるが，無機物から水素ないしは電子を抜き取る反応に関与する酵素は，それぞれの細菌で非常に特徴がある．硫黄酸化細菌の場合は，**1.2.2** で詳しく述べるので，そのほかの場合について簡単に触れておく．

(a) アンモニア酸化細菌

アンモニア酸化細菌ではアンモニア (NH_3) は，まずアンモニアモノオキシゲナーゼ (AMO) の作用によりヒドロキシルアミン (NH_2OH)

に酸化され，生じた NH_2OH がヒドロキシアミンオキシドレダクターゼ (HAO) の作用により亜硝酸 (HNO_2) に酸化される．NH_2OH が HNO_2 に酸化される間に，抜き取られた電子が電子伝達系を経て，シトクロム c オキシダーゼ (CCO) の作用により O_2 に渡される．

$$NH_3 \xrightarrow[O_2]{AMO} NH_2OH \xrightarrow{HAO} シトクロム\ c\text{-}554$$
$$\longrightarrow シトクロム\ c\text{-}552 \xrightarrow{CCO} O_2 \qquad (1.2)$$

(b) 亜硝酸酸化細菌

亜硝酸 (HNO_2) は，H_2O の存在下に亜硝酸オキシドレダクターゼ (NiOR) の作用により酸化されて，硝酸になる．この間に抜き取られた電子は，電子伝達系を経てシトクロム c オキシダーゼの作用により O_2 に渡される．

$$HNO_2 + H_2O \xrightarrow{NiOR} シトクロム\ c\text{-}550 \xrightarrow{CCO} O_2 \qquad (1.3)$$

(c) 好酸性鉄酸化細菌

この細菌は，pH 2.0 という酸性において Fe^{2+} を Fe^{3+} に酸化する．二価鉄–シトクロム c オキシドレダクターゼ (FeOR) の作用により，Fe^{2+} から抜き取られた電子は，電子伝達系を経て，シトクロム c オキシダーゼの作用により O_2 に渡される．

$$Fe^{2+} \xrightarrow{FeOR} シトクロム\ c\text{-}552 \xrightarrow{CCO} O_2 \qquad (1.4)$$

1.1.5 無機物を O_2 以外の無機物で酸化

チオ硫酸イオン ($S_2O_3^{2-}$) を硝酸イオン (NO_3^-) で酸化する過程 (図 **1.11**(a)) や Fe^{2+} を NO_3^- で酸化する過程 (図 **1.11**(b)) が知られている．これらは，硝酸呼吸である．Fe^{2+} を NO_3^- で酸化する細菌の

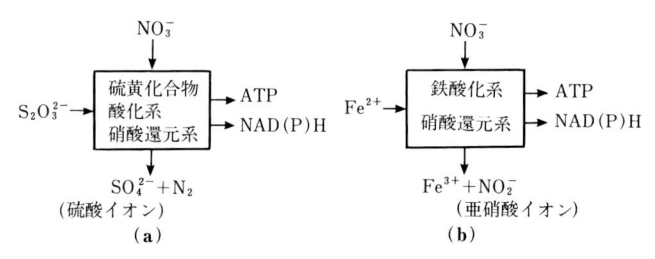

図 1.11 細菌が無機物を硝酸イオンで酸化して ATP と NAD(P)H を生成することを示す概念図

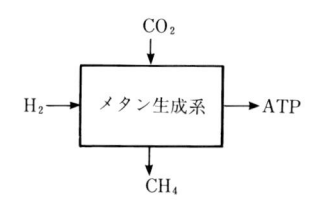

図 1.12 二酸化炭素呼吸をする細菌 (メタン生成細菌) が H_2 を CO_2 で酸化して ATP を生成することを示す概念図
[メタン生成細菌が H_2 を CO_2 で酸化して生育する場合は，還元剤として H_2 を利用するので NAD(P)H を生成する必要はない．]

中には，鉱石中の二価鉄を溶かし出すことなく，そのまま NO_3^- で酸化するものもある．

少し変ったところでは，H_2 を CO_2 で酸化してメタン (CH_4) を生ずる二酸化炭素呼吸がある (**図 1.12**)．

1.2 シトクロム

1.1 で述べた電子伝達系というのは，数種類のシトクロムから構成されている．そこで本節では，シトクロムについて述べる．シトクロムは，ヘム (図 **1.13**) とタンパク質からなり，ヘムに含まれている鉄が，原子価の変化をすることにより機能するヘムタンパク質のグループである．ヘムタンパク質のもう 1 つのグループにはヘモグロビン類があり，こちらはヘム鉄が 2 価のときのみ機能する．

1.2.1 ヘ　　ム

ヘムはポルフィリンの鉄錯体で，本書に関係あるのはヘム A, ヘム B, ヘム C, ヘム D, ヘム D_1, ヘム O, シロヘムであり，シロヘム (p.32 参照) を除くヘムの構造式を図 **1.13** に示した．

表 **1.1** ヘムとシトクロムの関係の例，およびシトクロムの機能

ヘム	シトクロム	別　名	機　能
A	aa_3	シトクロム c オキシダーゼ	O_2 の還元
A と C	a_1c_1	亜硝酸オキシドレダクターゼ	NO_2^- の酸化
B	b		電子伝達
B と O	bo	キノールオキシダーゼ	O_2 の還元
B と D	bd	キノールオキシダーゼ	O_2 の還元
C	c		電子伝達
	c_3		電子伝達
C と D_1	cd_1	亜硝酸レダクターゼ	NO_2^- の還元

このほかに，シトクロムとはいわないが，21 分子のヘム C と 3 分子のヘム P–460(変形ヘム C) をもつヒドロキシルアミンオキシドレダクターゼ (NH_2OH の酸化を触媒する) がある．

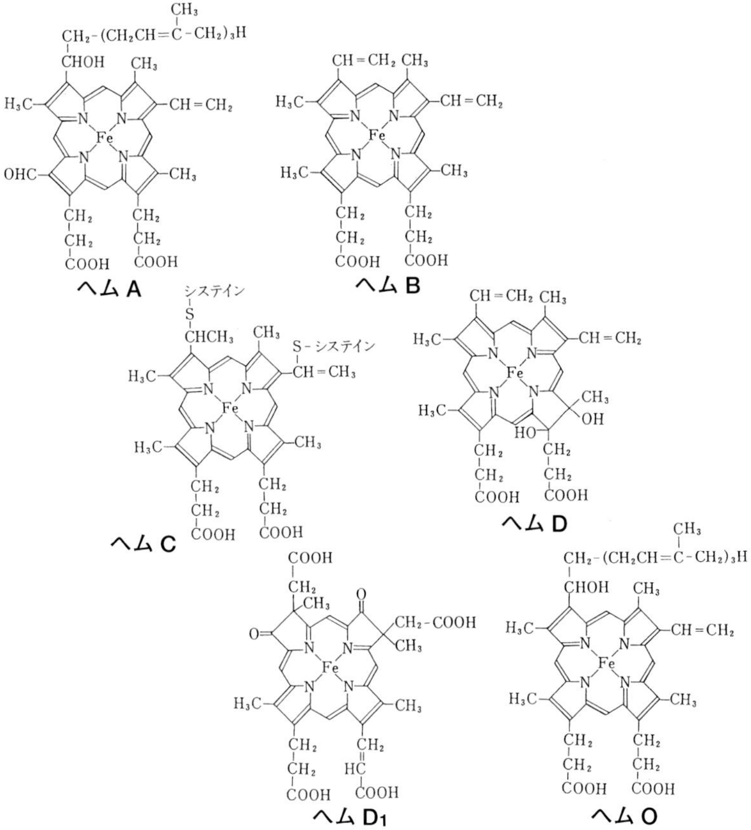

図 1.13 種々のヘムの構造式

1.2.2 シトクロムとその機能

ヘムにいろいろな種類があるので，それを補欠分子族とするシトクロムにもいろいろな種類がある．**表 1.1** に，ヘムとシトクロムとの関係およびそれらのシトクロムの機能について示した．

シトクロム aa_3 は，1分子内に2分子のヘム A と 2～3 原子の銅をもち，シトクロム c を電子供与体として O_2 を還元する．したがって，このシトクロムの酵素としての名称は，シトクロム c オキシダーゼである．O_2 で有機物や無機物を酸化して ATP をつくる非常に多くの生物に末端酸化酵素として存在する．ただ，細菌の中にはキノールオキシダーゼを末端酸化酵素とするものがある．キノールオキシダーゼとしては，1分子中にヘム B とヘム O を各1分子，および，銅1原子をもつシトクロム bo と，2分子のヘム B と1分子のヘム D をもつシトクロム bd とがある．さらに複雑なことには，シトクロム aa_3 型オキシダーゼの中にもキノールオキシダーゼがある．そして，シトクロム c オキシダーゼとキノールオキシダーゼの両方をもつ細菌もある．

```
4 シトクロム c (Fe²⁺)            O₂+4H⁺          2 キノール           O₂
                      ╲     ╱                              ╲    ╱
                       ╳                                    ╳
                      ╱     ╲                              ╱    ╲
4 シトクロム c (Fe³⁺)            2H₂O            2 キノン            2H₂O
                       ┆                                     ┆
                  シトクロム aa₃                       シトクロム bo
                                                       シトクロム bd
          (a)                                              (b)
```

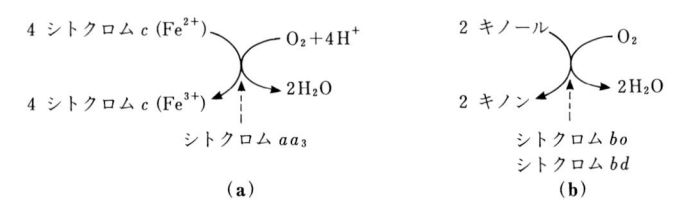

図 1.14 シトクロム c オキシダーゼ (a) およびキノールオキシダーゼ (b) の触媒する反応
　　　[キノールとしては，還元型ユビキノンおよび還元型メナキノンがある．シトクロム $c(Fe^{2+})$ とシトクロム $c(Fe^{3+})$ は，それぞれ，シトクロム c の還元型と酸化型．]

シトクロム a_1c_1 は，1分子内にヘム A とヘム C を各 2 分子，モリブデン 1 原子，および，$[Fe_4S_4]$ という Fe/S クラスター ☆ (p.30) を 5 個もっている複雑な構造の酵素であり，$NO_2^- + H_2O$ から NO_3^- を生ずる反応を触媒する．シトクロム b とシトクロム c は，特別の酵素作用をもたず，電子伝達に関与する．シトクロム c_3 も電子伝達に関与するが，1分子内にヘム C を 4 分子もっている．シトクロム cd_1 は，1分子内にヘム C とヘム D_1 を 1 分子ずつもち，NO_2^- を還元して NO を生ずる反応を触媒する．

1.3 DNA の GC 含量

たとえば,被腐食コンクリート中に生息している硫黄酸化細菌を調べる場合,それらを単離して培養し生育 pH 範囲が異なったものがあれば,異なる細菌が存在していることがわかる.しかし,生育 pH 範囲があまり違わず,形も似ている場合,培養実験だけからではそれらの異同を明らかにするのは難しい.そういう場合,それらの細菌から精製した DNA(デオキシリボ核酸) を比較すると,それらの細菌の異同がはっきりする.DNA を精製してその塩基配列を比較すればよいが,そのための設備がない場合,比較的簡単に DNA の GC 含量 (正確には G+C 含量) を比較する方法がある.GC 含量の比較からは塩基配列の比較によるほど正確な結果は得られないが,2 種の細菌のこの値が違っておればそれらは違った種であることは確かである.

1.3.1 DNA の構造

DNA は生物の遺伝情報を担っている物質でああり,核酸塩基であるアデニン (A),グアニン (G),シトシン (C),チミン (T) のそれぞれがデオキシリボースと,リン酸と結合してできたヌクレオチド (5′-デオキシアデニル酸ほか,図 **1.15**) が重合してできたポリマー (ポリヌクレオチド) である.リン酸基を Ⓟ,デオキシリボースを Ⓢ であらわすと,各ヌクレオチドは図 **1.15** の各構造式の下に示した A–Ⓢ–Ⓟ (図では,Ⓟ–Ⓢ–A となっている) などのようになる.

普通はもっと簡略化して,A–Ⓢ–Ⓟ を A というふうに,それぞれ

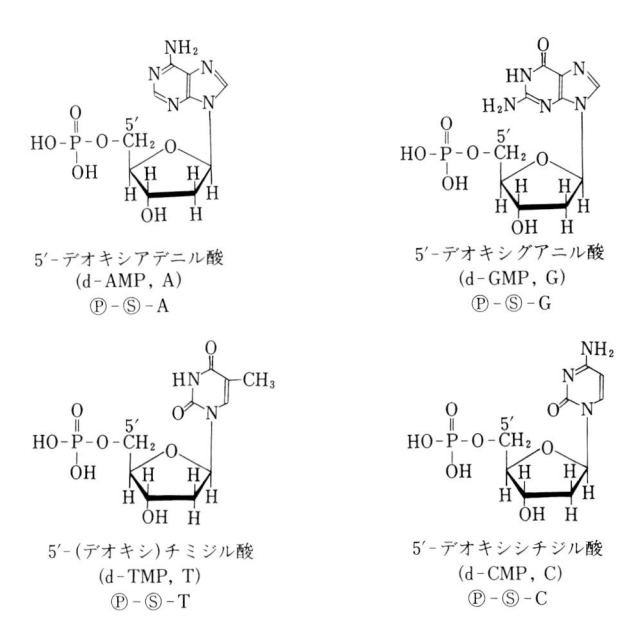

図 1.15 4種類のデオキシヌクレオチドの構造式

のヌクレオチドはそれに結合する核酸塩基で表す．そこで，DNA は

$$-\underset{}{ⓅーⓈ}-\underset{}{ⓅーⓈ}-\underset{}{ⓅーⓈ}-\underset{}{ⓅーⓈ}-$$
　　　　A　　　G　　　T　　　C

のようにヌクレオチドが連なっているわけだから，これをもっと簡略化して

$$-\text{AGTC}-$$

のように表すことができる．

　生体の中では図 **1.16** に示したように，2本のポリヌクレオチド鎖が対になってらせん構造をとっており，普通，二重らせん構造と呼ばれている．対になる塩基の組み合せは決っており，CとG，AとTとが水素結合で結ばれている (図 **1.17**)．

1.3　DNA の GC 含量

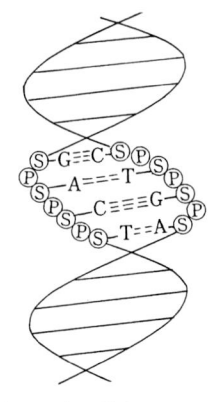

図 1.16 2本のポリヌクレオチド鎖が二重らせん構造をとっていることを示す模式図

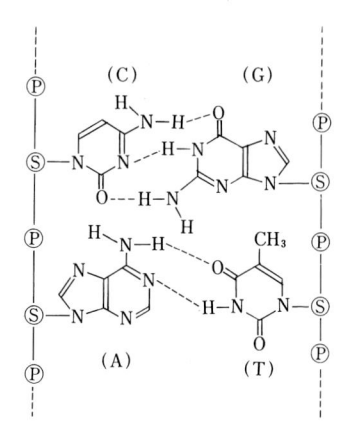

図 1.17 二重らせん構造で，CとG，AとTが水素結合で塩基対をつくることを示す図

したがって，全塩基に対するG+Cの含量の割合(モル%)が決れば，A+Tの含量の割合も決る．(G+C):(A+T)の比はいろいろな生物で大きく変化し，この比が生物，とくに微生物を分類するのに重要である．DNAを加水分解して各塩基を定量しなくてもGC含量(モル%)は物理的方法で簡単にわかるので，この値が細菌の異同を知るのによく用いられる．しかし，GC含量をこの物理的方法で測定するにはDNAを精製しなければならない．

1.3.2 DNAの精製

細菌の菌体1gを液体窒素中で凍結後解凍し，50 mM EDTAを含む50 mM Tris–HCl緩衝液(pH 8.0)(A液) 7.0 mlに懸濁して，これに20 mg/ml リゾチームを溶かしたA液1.0 mlを加える．37°Cで

10分間インキュベートした後，20 mgプロテイナーゼKを1.0 ml滅菌水に溶かした溶液40 µlを加え，さらに37°Cで10分間インキュベートする．つぎに，10%SDSを900 µl，つづいて，RNアーゼ溶液(10 mg RNアーゼ/ml)を90 µlを加え，67°Cで1時間インキュベートする．これに9.0 ml中性フェノール(等量の1 M Tris–HCl緩衝液(pH 8.0)で2回洗浄したフェノール)を加え1昼夜震盪する．つぎに，4°Cで10 000 × g 1分間遠心分離し，分離したフェノール相を除く．得られた水相に等量のフェノール+クロロホルム+イソアミルアルコール(25:24:1)混液(PCI)を加え，5〜6分間震盪した後10 000 × gで10分間遠心分離し，分離したフェノール相を除き水相を得る．これに等量のPCIを加え5〜6分間震盪後10 000 × g遠心分離して水相を得る．この操作をもう一度繰り返し，得られた水相に等量のクロロホルム+イソアミルアルコール(24:1)混液を加え，10 000 × gで10分遠心分離して水相を得る．この操作を2〜3回繰り返し，得られた水相に2倍量の99.5%エタノールを加える．析出されたDNAをパスツールピペット(または小さなガラス棒)で巻き取る．巻き取ったDNAを70%エタノールで2回洗浄して，適当なガラス容器にDNAの付着している部分を上にして立て，それにビーカーなどをかぶせて1夜乾燥させる．乾燥したDNAを1 mM EDTAを含む10 mM Tris–HCl緩衝液(pH 8.0)1.0 mlに溶かして，DNAのサンプルとする．

1.3.3 DNAのGC含量の測定

いま，精製したDNAの温度を上げていくと，GC間の水素結合がAT間の水素結合より強いので，まずAT間の水素結合が切れ，

つぎに，GC 間の水素結合が切れる．GC 間の水素結合まで切れると二重らせん構造がほぐれる．したがって，二重らせん構造がほぐれ始める温度が GC 含量に関係している．

二重らせん構造がほぐれると，260 nm の吸光度が増加する．一般には，25°C における 260 nm の吸光度 (A_{25}) に対する，ある温度 (t) における 260 nm の吸光度 (A_t) の比 (A_t/A_{25}) を温度に対して目盛っていくと，この比が上昇し始めやがてプラトーになる (図 **1.18**).

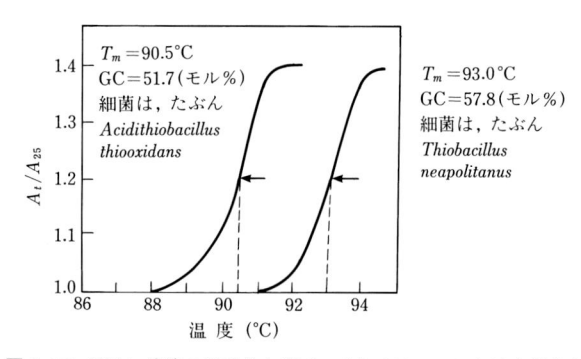

図 **1.18** DNA 溶液の温度を上げていくと 260 nm における吸光度比が変化することを表す図

図 **1.18** の GC 含量の値は実測値なので文献値とは少し違っている．260 nm における吸光度の上昇し始める前の値 (1.0) と，プラトーになったときの値との中点の温度 (T_m，融解点) から DNA の GC 含量を知ることができる．すなわち，多くの細菌において，T_m と GC 含量 (モル %) との関係は，

$$T_m = 69.3 + 0.41 \times (\text{GC 含量}) \tag{1.5}$$

の式で表される．すくなくとも，GC 含量が違う細菌は別の細菌である．すなわち，*Acidithiobacillus thiooxidans* DNA の GC 含量は 52 モル％，*Thiobacillus neapolitanus* DNA の GC 含量は 56 モル％であるといった具合である (これらの GC 含量値は文献値 (p.37))．

1.4 硫酸還元菌

硫酸還元菌は O_2 が存在すると生育できない細菌,つまり絶対嫌気性細菌で,硫酸塩を還元して硫化水素をつくって生きている.というより,酸素のないところで,有機物(水素ガスの場合もある)を硫酸塩で酸化して,生命現象に必要なエネルギーの素である ATP をつくって生きているのである.そして,その場合の ATP は,基質レベルのリン酸化のほかに呼吸における ATP 合成メカニズムによっても合成されるので,硫酸還元菌の行う硫酸塩の還元は硫酸呼吸と呼ばれる (p.4 参照).

硫酸還元菌でよく知られているのは *Desulfovibrio* 属,*Desulfotomaculum* 属などである.*Desulfovibrio* 属の細菌はグラム陰性であり,有機物を酢酸にまで酸化するが,酢酸を酸化できない.*Desulfotomaculum* 属の細菌はグラム陽性であり,有機物を完全に CO_2 と H_2O に酸化する.硫酸還元菌のなかには化学無機栄養的(化学合成独立栄養的)に生育するものもある.*Desulfovibrio* 属の細菌は,なかには *Desulfovibrio simplex* のように硫酸塩で H_2 を酸化して生育するものがあるが,普通は,化学有機栄養的に生育する.*Desulfovibrio vulgaris* は,ある条件下では硫酸塩で H_2 を酸化して生育する.これらの場合,細胞構成物質は CO_2 から合成される.*Desulfotomaculum geothermicum* , *Desulfobacterium autotrophicum* などは H_2 を硫酸塩で酸化して CO_2 から細胞構成物質を合成して生育する.

硫酸還元菌は絶対嫌気性細菌であるが,嫌気性生育条件下でポリグルコースを蓄積しておいて,硫酸塩の利用できない条件下におい

ては，好気的条件下であっても，ポリグルコースを使って発酵でエネルギーを得ることができるものもある．しかし，これは生き延びるためで，このようにして生育することはできないようである．けれども，中には硫化物を O_2 で酸化して，微好気的条件下で生育するものが知られている．また，ある硫酸還元菌は H_2 を O_2 で酸化する活性が非常に大きいが，この細菌は好気的条件下で生育することはできない．この活性は O_2 を除去するのに役立っているらしい．

1.4.1 硫酸還元菌の培養

硫酸還元菌の中で実験によく使われる *Desulfovibrio vulgaris* の培養について述べる．この細菌は，たとえば，**表 1.2** に示した組成の培地で培養することができる．

表 1.2 *Desulfovibrio vulgaris* 用の培地の一例

80％乳酸ナトリウム	[5.0 ml]	$FeSO_4 \cdot 7H_2O$	[0.004 g]
Na_2SO_4	[5.0 g]	$Na_2S \cdot 9H_2O$	[0.2 g]
$MgSO_4 \cdot 7H_2O$	[1.0 g]	KH_2PO_4	[0.3 g]
ペプトン	[3.0 g]	酵母エキス	[0.5 g]
水	[1 000 ml]		pH 7.0〜7.2

硫化ナトリウム以外の混合物を 121°C で 20 分間滅菌しておき，これに，別に滅菌した 0.2％硫化ナトリウム溶液を無菌的に加えた後，pH を 7.0〜7.2 にする．硫化ナトリウムの水溶液はアルカリ性であるから，混合後所定の pH になるようあらかじめ pH を調整しておくとよい．このようにして調製した培地で，滅菌した栓付き試験管を満たし，種菌を植え，密栓して 37〜38°C で静置培養する．大量培養もこれに準じて行うとよいが，栓付きの培養びんがなければ，

びんの口をパラフィルム等で覆ってもよい．硫化ナトリウムは溶存酸素を除去するために加えるのであるが，硫化ナトリウムがこの細菌の生育を少し阻害するらしいので，それが気になる場合は窒素ガスの通気などにより溶存酸素を除くとよい．また，培地の調製に際して，100％乳酸ナトリウムを使用するように書いてある文献もあるが，100％乳酸ナトリウムは固くて扱いにくいので，80％乳酸ナトリウムを100％乳酸ナトリウムに関して示されている量の1.25倍量(つまり乳酸ナトリウムの量が同じになるように)加えるとよい．なお，種菌の長期保存には，上記の培地に2％寒天を加えて固形培地として，種菌を穿刺してから減圧封管中で培養する．

1.4.2　硫酸還元菌の生育の測定

　純粋培養した硫酸還元菌が生育していることを調べるには，上記液体培地に種菌を植え付けてから，濁度を測定したり，顕微鏡で観察して細菌細胞の数の増加をみるなどすればよい．しかし，本書で問題になるような，土の中に硫酸還元菌が生息しているかどうかということを調べるには，硫化水素発生の測定によるのが便利である．

☆ ニンヒドリン反応

アミノ酸はニンヒドリンと反応して，570 nm に吸収極大のある紫色の化合物(ルーヘマン紫)を生ずるので，この反応を利用してアミノ酸を定量することができる．プロリンのようなイミノ酸は，この反応で，440 nm に吸収極大のある黄赤色化合物を生ずる．

たとえば，培養液を一定時間ごとに取り出してシステインシンターゼと O–アセチル–L–セリンを加えて L–システインを合成させる．そして生じた L–システインをニンヒドリン反応法 (p.26) で定量する．つまり，硫酸還元菌が増殖すれば硫化水素が生じるので，この方法により L–システインの増加で発生する硫化水素量の増加，ひいてはこの細菌の増殖を知ることができるのである．

1.4.3 硫酸還元メカニズム

ATP は，基質レベルのリン酸化のほか，図 **1.19** に示した，シトクロム c–551 とフェレドキシン ☆ (p.30) からシトクロム c_3 等への電子伝達反応で遊離されるエネルギーを利用して，ATP 合成酵素の作

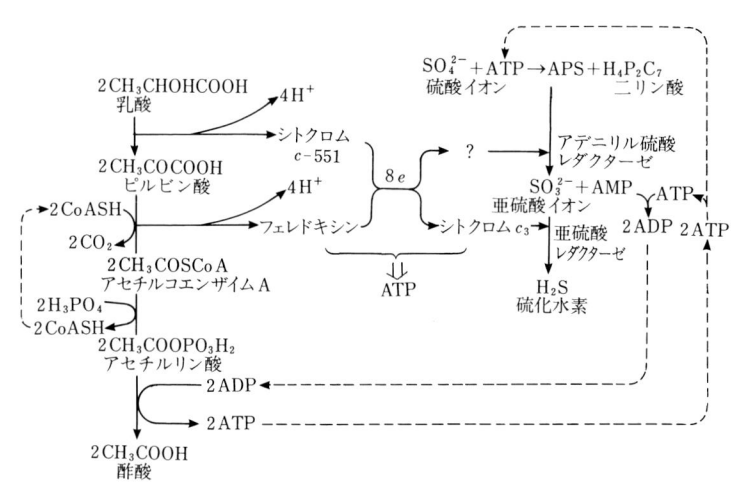

図 1.19 硫酸還元菌が硫酸塩により乳酸を酸化するメカニズム
 [APS：アデニリル硫酸，CoASH：コエンザイム A☆.]

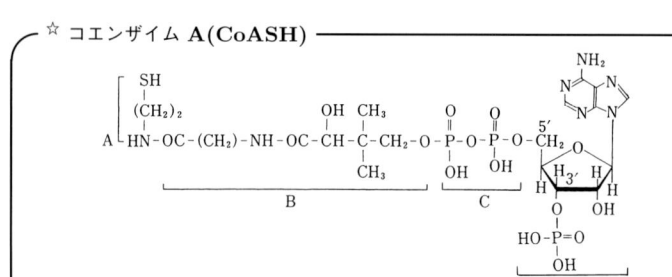

> ☆ コエンザイム A(CoASH)
>
> $$\underbrace{\begin{matrix}SH\\(CH_2)_2\end{matrix}\Big]_A\!\!\!\!-\!HN\!-\!OC\!-\!(CH_2)\!-\!NH\!-\!OC\!-\!\underbrace{CH\!-\!\underset{\underset{CH_3}{|}}{\overset{\overset{OH}{|}}{C}}\!-\!CH_2\!-\!O}_{B}\!-\!\underbrace{\overset{\overset{O}{\|}}{\underset{\underset{OH}{|}}{P}}\!-\!O\!-\!\overset{\overset{O}{\|}}{\underset{\underset{OH}{|}}{P}}\!-\!O\!-\!CH_2}_{C}}_{}$$
>
> 構造の一部にパントテン酸(ヒトにとってはB群ビタミンの一つ)を含み,細菌からヒトまで,生体内でアセチルコエンザイム A ($CH_3COSCoA$) などとなり種々の反応に関与する.左端にある–SH が反応に関与するので,略語で表すときは CoASH とする.A:メルカプトエチルアミン,B:パントテン酸,C:二リン酸,D:アデノシン–3′–リン酸.

用で生合成される.

硫酸還元菌は,上記のように乳酸塩を加えて培養することからもわかるように,乳酸をよく食べる.上記の培地で培養する場合は,この細菌は硫酸塩で乳酸を酸化し,その間に生成される ATP を利用して生育する.*Desulfovibrio* 属の細菌において,乳酸が硫酸塩により酸化され,それに共役して ATP が合成されるメカニズムを,図 **1.19** に示した.

1960 年以前には,ATP は,図 **1.19** のアセチルリン酸から生じる基質レベルのリン酸化のみで生成すると考えられていて,電子伝達に共役した ATP の合成は知られていなかった.ところが,図 **1.19** に示した基質レベルのリン酸化による ATP 生成だけでは,硫酸還元

菌が生きていけないことがわかる．つまり，1分子の硫酸塩で2分子の乳酸を酸化するが，その際生じる2分子のATPのうち1分子は硫酸塩の活性化 (APSの生成) にまたもう1分子はその後の反応で生じるAMPをADPに変化させるために消費されてしまい，この細菌が利用できるATPが残らない．すなわち，硫酸塩が還元されるためには，ATPと反応してアデニリル硫酸 (＝アデノシン–5′–ホスホ硫酸，APS☆) にならなければならない．また，APSが還元されてSO_3^{2-}とAMPが生じるが，これをATPにする前にATPと反応させてADPにしておく必要がある．そこで，基質レベルのリン酸化以外にもATPをつくる反応があるのではないかと考えられるようになった．

$$\underset{\text{硫酸イオン}}{SO_4^{2-}} + \underset{\text{アデノシン-5′-三リン酸}}{ATP} \longrightarrow \underset{\text{アデニリル硫酸}}{APS} + \underset{\text{二リン酸}}{H_4P_2O_7} \quad (1.6)$$

$$APS + \underset{\text{電子}}{2e} \longrightarrow \underset{\text{5′-アデニル酸}}{AMP} + \underset{\text{亜硫酸イオン}}{SO_3^{2-}} \quad (1.7)$$

$$AMP + ATP \longrightarrow \underset{\text{アデノシン-5′-二リン酸}}{2ADP} \quad (1.8)$$

すなわち，たとえば，*Desulfovibrio vulgaris* Marburg は，ある条件下では水素ガス (H_2) を硫酸塩で酸化して生育することがわかっ

☆ アデニリル硫酸 (アデノシン–5′–ホスホ硫酸，**APS**)

1.4 硫酸還元菌

> ☆ フェレドキシン
>
> 鉄原子と無機硫黄原子からなる [Fe_4S_4] あるいは [Fe_2S_2] という Fe/S クラスターをもつタンパク質で，中点酸化還元電位 (標準酸化還元電位とほぼ同じ) が -0.4 V 付近にあるものをフェレドキシンという．生体内の低い酸化還元電位における電子伝達体である．
>
> [Fe_4S_4] (a) と [Fe_2S_2] (b) をもつフェレドキシンの構造の模式図．システインはタンパク質部分を構成しているアミノ酸 [$HS-CH_2-CH(NH_2)COOH$]．

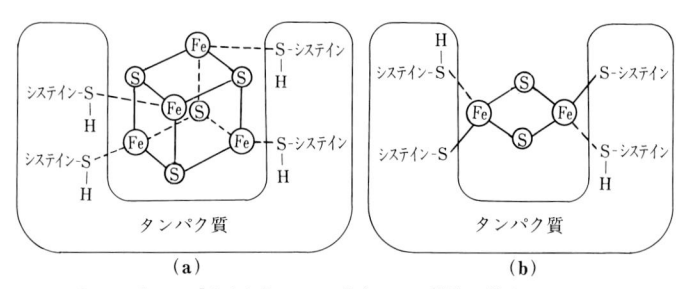

たし，*Desulfovibrio simplex* も，H_2 を硫酸塩で酸化して生育する．硫酸塩で酸化される相手が乳酸でなく H_2 である場合は，アセチルリン酸によるリン酸化 (基質レベルのリン酸化による ATP の生合成) が起きる可能性はなく，もっとほかの反応で ATP 生合成が起きていると考えられるようになった．

実際，*Desulfovibrio gigas* の細胞膜の膜片を用いて，亜硫酸塩による H_2 の酸化に共役して ATP が生成することが実証された．したがって，図 **1.19** に示したように，乳酸とピルビン酸から遊離した電子が，APS や亜硫酸塩の還元系で利用される間に放出されるエネ

ルギーを利用して，呼吸における ATP 生成メカニズム (ATP 合成酵素を利用して ATP を合成する) による ATP の合成が行われていることがわかったのである．呼吸における ATP 生成メカニズムにおいては，細菌の細胞膜の内側から外側へプロトン (H^+) を排出する必要があるが，実際，*Desulfovibrio vulgaris* が亜硫酸塩を還元するとき，$12 \sim 14 H^+/2e$ が細胞外へ放出されることがわかっている．

図 **1.19** において，硫酸塩の還元について考察すると，APS は，まず，アデニリル硫酸レダクターゼによって還元されて亜硫酸になる．アデニリル硫酸レダクターゼは FAD をもつフラビン酵素☆で，メチルビオロゲンラジカルを電子供与体として，APS を SO_3^{2-} と AMP にする活性があるが，生体内における電子供与体はわかっていない．APS の還元で生じた SO_3^{2-} は，亜硫酸レダクターゼで還元されて硫化水素 (H_2S) になる．この酵素は，以前は，SO_3^{2-} をトリチオン酸 ($S_3O_6^{2-}$) に還元するように考えられていたが，現在では還元型シトクロム c_3 [$\mathrm{cyt}c_3(Fe^{2+})$] を電子供与体として，SO_3^{2-} を

☆ **フラビン酵素**

フラビンはビタミン B_2(リボフラビン) の誘導体で，これを補欠分子族とする酵素がフラビン酵素である．補欠分子族としてよく知られているフラビンは，フラビンモノヌクレオチド (FMN) と，フラビンアデニンジヌクレオチド (FAD) である．フラビン酵素は黄色をしているが，水素原子を受け取り還元型 ($FMNH_2$, $FADH_2$) になると無色になり，その水素原子を適当な物質に渡すと，ふたたび黄色の酸化型になる．

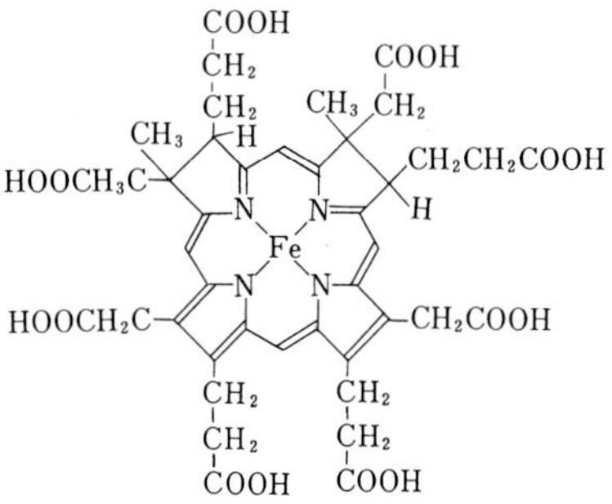

図 1.20 シロヘムの構造式

中間体を経ずに H_2S に還元することがわかっている．この亜硫酸レダクターゼは補欠分子族としてシロヘムをもつ (図 **1.20**)．

反応メカニズムはともかくとして，コンクリートの腐食や宅地の盤膨れにおいては，硫酸還元菌が硫化水素を生成することが重要である．硫酸還元菌の生育はモリブデン酸塩により阻害されるので，この細菌による硫化水素の発生を防止しようと思えば，モリブデン酸ナトリウムなどを使用することもできる．研究上は，モリブデン酸塩を使って硫酸還元菌の活動の有無をみることなども行われるが，この塩を実際面で使用すると，モリブデンという重金属による環境汚染をひきおこすおそれがある．

1.4.4 硫酸還元菌により生命の起源の古さを探る

第 **2** 章以下に述べるように，硫酸還元菌はコンクリートの腐食や宅地の盤膨れに関係しており，"悪者"であるといわざるを得ない．さらに，汚い川のほとりで硫化水素の臭いがするのも，川底で硫酸還元菌が硫化水素をつくっているせいであり，また，廃棄物処理場

などで硫化水素が発生するのも，硫酸還元菌の仕業による場合が多いであろう．このように悪者の硫酸還元菌であるが，この細菌がわれわれにロマンを与えてくれることをここで述べておきたい．すなわち，硫酸還元菌が現在から何億年前に地球上に出現していたかを調べると，生命の起源の古さの下限が明らかになるのである．

自然界の硫黄化合物を構成する硫黄原子は，大半が ^{32}S であるが ^{34}S も 5% 弱存在する．硫酸還元菌は，$^{32}SO_4^{2-}$ を $^{34}SO_4^{2-}$ より速く還元する．そこで，硫酸還元菌の作用をうけて生じた硫化物中の硫黄原子は，この細菌の作用を受けていない硫化物中の硫黄原子より ^{32}S に富んでいることになる．まったく硫酸還元菌の作用を受けていない硫黄化合物，たとえば，隕石中の硫黄化合物や火山から噴出してきて間もない硫黄化合物の中の硫黄原子の，$^{32}S/^{34}S$ 比は 22.21 であるから，この比の値が 22.21 より大である硫黄原子を含む硫化物は，硫酸還元菌の作用を受けて生じたと考えられる．地球上のいろいろな年代の地層に含まれる硫化物の $^{32}S/^{34}S$ の比を測定すると，**表 1.3** のような結果が得られた．地層の中の硫化物を取り出すときのサンプリングがうまくいかないこともるだろうから，データは少しがたついているが，大体のところ，新しい地層になるに従って，$^{32}S/^{34}S$ の比が 22.21 より大きくなっていることがわかる．生命の起源が少なくとも何億年前であったかを知るためには，非常に古い地層に硫酸還元菌が生息したという証拠が残っているかが問題になる．

カナダの楯状地にある鉄鉱層は今から 27 億 5000 万年前にできたといわれているが，その地層の中の硫化鉱層の $^{32}S/^{34}S$ 比は 22.49〜22.00 で，この値からすると，この地層には，現在の 1/10 程度の

表 1.3 種々の年代の地層中の硫化物の $^{32}S/^{34}S$ 比

地質時代区分	絶対年代[現在より何年前か] (単位：百万年)	$^{32}S/^{34}S$ 比
西グリーンランドイスワ鉄鉱床	3700	22.24〜22.20
カナダ楯状地の鉄鉱層	2750	22.49〜22.00
カンブリア紀	575〜509	22.37
オルドビス紀−シルル紀	509〜416	22.35
デボン紀	416〜367	22.17
石炭紀	367〜289	22.35
二畳紀	289〜247	22.17
三畳紀	247〜212	22.97
ジュラ紀	212〜143	22.59
白亜紀	143〜 65	22.74
新生代	65〜現在	23.02

山中健生：環境にかかわる微生物学入門，講談社 (2003)

数の硫酸還元菌が生息していたと推測されるという．これに対して，37億年前にできた西グリーンランドのイスワ鉄鉱床分布域の硫化鉱層の $^{32}S/^{34}S$ 比は 22.24〜22.20 で，この値からすると，この地層には硫酸還元菌は生息していなかったということになるといわれている．このような結果からすると，いかに硫酸還元菌が原始的な生物であっても，誕生したばかりの生命体よりはずっと進化していただろうから，生命の起源は少なくとも今から 27億 5000万年以上前ということになる．最近では，RNA や DNA の構造，また生化学的諸事実から，生命の起源は今から 35 億年前であったらしいという考えが強くなっている．

最近，超好熱性細菌 (最適生育温度が 80°C 以上の細菌) が生命の起源に近い生物ではないかと，そして，生命は 100°C 付近の高温で

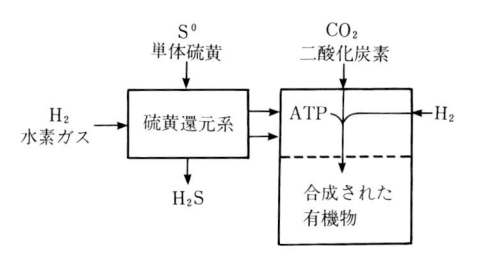

図 1.21 硫黄呼吸をする細菌が生きていく原理を示す図

誕生したらしいと考える研究者が多い．超好熱性細菌の中には，H_2 を単体硫黄 (S^0) で酸化して生育するものが多いが，この反応過程 (硫黄呼吸) は，硫酸還元菌の硫酸還元過程によく似ている (図 **1.21**)．したがって，硫酸還元菌も生命の起源に近い時点で出現した可能性がある．

1.5 硫黄酸化細菌

硫化水素 (H_2S)，単体硫黄 (S^0)，チオ硫酸塩 (たとえば，チオ硫酸ナトリウム，$Na_2S_2O_3$) などの硫黄化合物を硫酸に酸化して，その際遊離するエネルギーで ATP をつくって生育する細菌が硫黄酸化細菌である．この細菌は硫酸をつくるので，それが中和されない場合は，酸性公害 (河川の酸性化など) が起きたりコンクリートが腐食されたりする．

硫黄酸化細菌には，生育 pH が 5～8 のものと，1～5 のものとがある．この生育 pH が，コンクリートの腐食の場合問題になる．**表1.4** に，本書に関係ある種々の硫黄酸化細菌の特性を示しておく．

1.5.1 硫黄酸化細菌の培養

硫黄酸化細菌の培養には一般に**表 1.5** に示した S6 培地がよく使われるが，そのほか，*Starkeya novella* 用の無機培地 (**表 1.6**) もよ

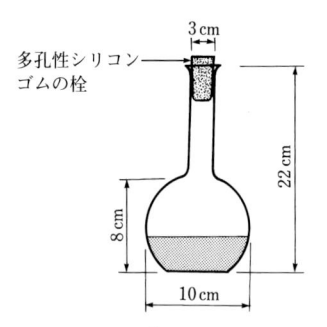

図 **1.22** 坂口フラスコ (サイズは標準的なものの値)

表 1.4 本書に出てくるいろいろな硫黄酸化細菌の性質

細菌名	DNA の GC 含量 (モル%)	生育 pH (最適)	生育温度 (°C)(最適)	無機栄養性	備考
Acidithiobacillus (Thiobacillus) thiooxidans	52	0.5〜5.5 (2.0〜3.0)	10〜37 (28〜30)	絶対	pH 6 くらいでも生育を始める
Thiobacillus thioparus	62〜63	4.5〜7.8 (6.6〜7.2)	(28)	絶対	pH 10.0 でも生育を始める
Thiobacillus neapolitanus	56	4.5〜8.5 (6.5〜6.9)	8〜39 (28〜32)	絶対	培養液の pH は最低 2.5 までで下がる
Acidithiobacillus acidophilus	63〜64	1.5〜5.5 (2.5〜3.0)	25〜37 (27〜30)	任意	
Starkeya novella (Thiobacillus novellus)	67.3〜68.4	5.7〜9.0 (7.0)	10〜37 (25〜30)	任意	
Paracoccus (Thiobacillus) versutus	67〜68	6.9〜9.5 (7.5〜7.9)	17〜40 (30〜35)	任意	
Acidithiobacillus (Thiobacillus) ferrooxidans	58〜59	1.3〜4.5 (約 2.5)	10〜37 (30〜35)	絶対	二価鉄をも酸化し,そのときの最適生育 pH は 1.7
Beggiatoa alba	40〜43	(7.2 付近)	23〜30	任意	微好気性

表 1.5 S6 培地の組成 (少し改変)

Na_2HPO_4	[1.2 g]	KH_2PO_4	[1.8 g]
$MgSO_4·7H_2O$	[0.1 g]	$(NH_4)_2SO_4$	[0.1 g]
$MnSO_4$	[0.02 g]	$CaCl_2$	[0.03 g]
$FeCl_3$	[0.02 g]	$Na_2S_2O_3$	[10.0 g]
脱イオン水	[1 000 ml]		pH 2.0〜7.0

American Type Culture Collection Catalogue of Strain I(1982)

く使われる.

この培地で細菌が生育していることは, 坂口フラスコ (図 **1.22**) に培地を入れて植菌後, 多くの場合 28〜30°C で, 100 回/分の速さで震盪し, 一定時間ごとに一定量の培養液を取り出してその pH を測定し, それが低下することで知ることができる (図 **1.23**).

表 1.6 *Starkeya novella* 用無機培地の組成

$Na_2S_2O_3·5H_2O$	[8 g]	K_2HPO_4	[4 g]
KH_2PO_4	[4 g]	NH_4Cl	[0.5 g]
$MgSO_4·7H_2O$	[0.8 g]	微量金属混合液 *	[10 ml]
酵母エキス	[300 mg]		
脱イオン水	[1 000 ml]		pH 7.2

* 微量金属混合液

EDTA/50 g, $FeSO_4·7H_2O$/5.0 g, $CaCl_2·2H_2O$/6.8 g,
$ZnSO_4·7H_2O$/22 g, $(NH_4)_6Mo_7O_{24}·4H_2O$/1.1 g,
$CuSO_4·5H_2O$/1.6 g, $MnCl_2·4H_2O$/5.1 g, $CoCl_2·6H_2O$/1.6 g

脱イオン水 1 000 ml に溶かし KOH で pH を 7.2 にする (溶解の途中で不溶物が生じるので, その都度, KOH を加えて溶解させるとよい).
$Na_2S_2O_3$ とリン酸塩は別々に滅菌した後, 滅菌したほかの塩類+酵母エキス混液と無菌的に混合する. 無菌用フィルターを使用するときはすべての物質を混合してから処理すればよい.

Santer ら (1959) を改変

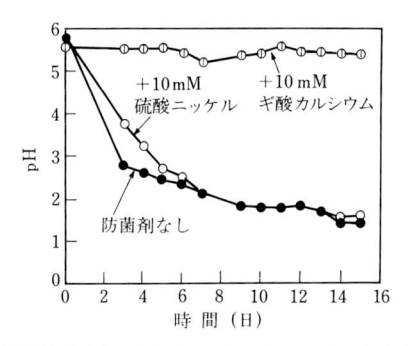

図 1.23 硫黄酸化細菌 (*Acidithiobacillus thiooxidans*) を S6 培地あるいは *Starkeya novella* 用無機培地で培養したときの pH の変化
［培養開始時の培養液の pH は 6 付近に調整してある．］

これだけでは心配だという時は，培養液を顕微鏡で観察し細菌数が増加するのを調べるとよいし，また，培養液を S6(固形) 平板培地 (S6 培地に 2％寒天を加えて溶かしたものをペトリ皿 (シャーレ) に入れて固化したもの) にまいてコロニーをつくらせ，この操作を経時的に行い，コロニー数が増加するのを調べてもよい．さらに，ATP アナライザーにより ATP 含量を経時的に測定してもよい．

顕微鏡で観察する場合，位相差顕微鏡を使えば問題ないが，普通の顕微鏡では，細菌を染色しておかないと，はっきり見ることができない．細菌細胞を染色するには，スライドグラスの上に一定量 (たとえば，10 μl) の培養液を取り，うすく広げて弱火で乾燥したのち，試料の塗沫面を上にして火炎の中を 2, 3 回通して細胞を固定する．つぎに，塗沫面に色素溶液☆を 1 滴たらして 1〜2 分間放置してから静かに十分水洗する．ろ紙で水を吸い取り，ヘアドライヤーで乾燥させた後検鏡する．このようにして観察すれば，細菌が増殖して

> ☆ 細菌の染色用色素溶液
>
> よく使われる細菌の染色用色素溶液の例をあげておく．これらは生菌の染色に用いられるものであるが，もちろん死んだ細菌細胞の染色にも用いられる．
>
> (a) アルカリ性メチレンブルー液：1.5 g メチレンブルーを 30 ml 無水アルコールに溶かし，これに 100 ml の 0.01％ KOH を混ぜてろ過する．
>
> (b) カルボールフクシン液：1.1 g フクシンを 10 ml 無水アルコールに溶かし，これと 100 ml の5％フェノールを混ぜてろ過する．
>
> (c) クリスタルバイオレット液：2 g クリスタルバオレットを 20 ml の 95％アルコールに溶かし，これに 80 ml の水を加える．

いれば時間とともに細菌数が増加するのがわかる．また，培養液の濁度を分光計で測定して，細菌数の増加を濁度の増加としてとらえることができる．この場合，細菌数の増加を知るためには，あらかじめ細菌数と濁度との関係を調べておく必要がある．しかし，この方法では，培養液の中に目的の細菌以外の微粒子が存在すると測定が邪魔される．顕微鏡による観察にしても濁度の測定にしても，生きている細菌数を正確に知ることはできない．生菌数を正確にを知るには，培養液の一定量を平板培地にまいて培養してコロニー数を調べるのがよい．

コロニー数で生細菌の数を測定する場合，あまり細菌数の多い培

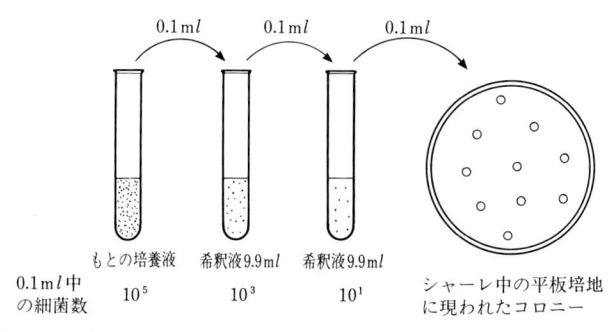

図 1.24 平板培地に細菌懸濁液を撒いてコロニーをつくらせる実験の手順

養液をそのまま平板培地にまくとコロニーの数が数えられないので，培養液をその細菌用の滅菌した培地 (または滅菌生理食塩水) で適当に薄める必要がある．たとえば，図 1.24 のようにして何回か 100 倍ずつ薄める．すなわち，9.9 ml の希釈用液を入れた試験管に 0.1 ml の細菌懸濁液を加えて希釈すると，細菌細胞数は 100 倍にうすまるので，この操作を何回か繰り返したのち，シャーレにつくった固形培地にまき，適当な温度で培養する．固形培地に生じたコロニーの数から逆算すれば，もとの培養液中の生菌数を知ることができる．図 1.24 の場合は，もとの培養液には 0.1 ml 中に 10^5 個の生菌細胞がいたことになる．

生きた細胞には ATP が存在するが，死滅した細胞にはそれが存在しない．このことを利用して生菌数を知ることができる．生菌懸濁液に界面活性剤を加えて溶菌し，空気の存在下で，それにホタルのルシフェリンとルシフェラーゼを加える．ATP があると光を放つので，発光強度を ATP アナライザーで測定する．光の強度は，ATP の量に比例するので，始めに生菌数と光の強度との関係を調べてお

けば，光の強度から生菌数がわかる．ただ，後述するように (p.69) 硫黄酸化細菌のように生育速度が非常に小さい細菌の場合，生菌数と ATP 含量とが正確に比例するとはいかないようである．

$$\text{生菌細胞} \xrightarrow{\text{界面活性剤}} \text{破壊された細菌細胞} + \text{ATP} \tag{1.9}$$

$$\text{ルシフェリン} + \text{ATP} + \text{O}_2 \xrightarrow{\text{ルシフェラーゼ}} \text{光}$$
$$+ \text{オキシルシフェリン} + \text{AMP} + \text{PPi} + \text{CO}_2 \tag{1.10}$$

ここで，AMP：5′–アデニル酸，PPi：二リン酸．

腐食されたコンクリート中には，多くの場合，生育 pH が 5〜8 の硫黄酸化細菌と 1〜5 の細菌が一緒に生息している．**表 1.3** に示した生育 pH の範囲というのも大雑把なものなので，pH 1〜5 で生育するといっても，pH 6.5 くらいからでも生育する．したがって，*Starkeya novella* 用無機培地や S6 培地の pH を 6 くらいにしておけば，生育 pH が 1〜5 くらいの細菌も生育してくる．また，pH 5〜8 で生育するといっても，培養液の最終 pH は 2.5 まで低下する．

1.5.2 硫黄化合物の酸化

どの硫黄酸化細菌も，硫化水素 (H_2S) —および硫化ナトリウム (Na_2S) のような硫化物— と単体硫黄 (S^0) を酸化して，硫酸を生ずる．また，多くのものは，チオ硫酸 ($H_2S_2O_3$) やテトラチオン酸 ($H_2S_4O_6$) —実際にはこれらの塩を用いるので，これらの化合物の多くの部分が，チオ硫酸イオン ($S_2O_3^{2-}$) やテトラチオン酸イオン ($S_4O_6^{2-}$) となっている— を酸化する．

$$\underset{\text{硫化水素}}{H_2S} + \underset{\text{酸素}}{O_2} + \underset{\text{水}}{H_2O} \longrightarrow \underset{\text{亜硫酸}}{H_2SO_3} + \underset{\text{プロトン}}{2H^+} + \underset{\text{電子}}{2e} \tag{1.11}$$

(H^+ と e は最終的には O_2 で酸化される．)

$$\underset{\text{単体硫黄}}{S^0} + O_2 + H_2O \longrightarrow H_2SO_3 \tag{1.12}$$

$$\underset{\text{チオ硫酸}}{H_2S_2O_3} + O_2 + H_2O \longrightarrow 2H_2SO_3 \tag{1.13}$$

$$\underset{\text{テトラチオン酸}}{H_2S_4O_6} + 1.5O_2 + 3H_2O \longrightarrow 4H_2SO_3 \tag{1.14}$$

これらの反応で生じた H_2SO_3 は，さらに硫酸 (H_2SO_4) に酸化される．

$$H_2SO_3 + H_2O \longrightarrow H_2SO_4 + 2H^+ + 2e \tag{1.15}$$

H_2S と S^0 が酸化されるメカニズムはどの硫黄酸化細菌においても同じであるが，チオ硫酸およびテトラチオン酸の酸化経路は，種々の硫黄酸化細菌でかなり違っているといわれている．しかし，将来の研究により，それらの酸化経路は同じものに統一される可能性もある．ここでは筆者らの研究してきた，*Starkeya novella* における硫黄化合物の酸化メカニズムについて述べる．

この細菌は，チオ硫酸ナトリウム ($Na_2S_2O_3$) —溶液中では $2Na^+$ + $S_2O_3^{2-}$ になっている— を好んで食べる．もちろん，Na_2S(したがって，H_2S)，および単体硫黄 (S^0) をも食べる．チオ硫酸ナトリウムは，まず，チオ硫酸開裂酵素の作用で SO_3^{2-} と単体硫黄に分解される．このとき生じる単体硫黄は，遊離のものではなく，あるタンパク質 (硫黄結合タンパク質) に結合した状態のものである．

$$S_2O_3^{2-} + \text{硫黄結合タンパク質} \xrightarrow{\text{チオ硫酸開裂酵素}}$$
$$SO_3^{2-} + \text{S-硫黄結合タンパク質} \tag{1.16}$$

この硫黄結合タンパク質が見つかるまでは，単体硫黄の受容体は

> ☆ グルタチオンの構造式
>
> グルタミン酸 $\begin{bmatrix} \text{COOH} \\ | \\ \text{H}_2\text{NCH} \\ | \\ \text{CH}_2 \\ | \\ \text{CH}_2 \\ | \\ \text{COHN-CH-COHNCH}_2\text{COOH} \\ \phantom{\text{COHN-}}| \\ \phantom{\text{COHN-}}\text{CH}_2 \\ \phantom{\text{COHN-}}| \\ \phantom{\text{COHN-}}\text{SH} \end{bmatrix}$
>
> <u>システイン</u> <u>グリシン</u>
>
> これは還元型で GSH と表され, 酸化型は 2 分子が –S–S– 結合で結合したもので, GSSG と表される.

シアン化イオン (CN^-) であると考えられていた.

$$S_2O_3^{2-} + CN^- \longrightarrow SO_3^{2-} + \underset{\text{チオシアン酸イオン}}{SCN^-} \tag{1.17}$$

そして, この反応を触媒する酵素をロダネーゼと呼んでいた. というより, 今でもロダネーゼという酵素が存在するように考えている研究者が多い. しかし, この反応には, 約 1 mM 以上の CN^- の存在が必要である. ある種の植物などを除いて, 一般には, 生体内にこのような高濃度の CN^- は存在しない. したがって, ロダネーゼ活性というのはあるが, ロダネーゼという酵素は存在しないと考えてよい. チオ硫酸開裂酵素もロダネーゼ活性をもっており, ロダネーゼ活性をもつ酵素ということになる.

この細菌が H_2S をどのような酵素の作用で酸化するのかわからないが, H_2S は, 酸化されて S^0 になる. 一方, S^0 は, 硫黄ジオキシゲナーゼによって酸素化されて, 亜硫酸 (H_2SO_3) になる. このとき, 還元型グルタチオン [5-L-グルタミル-L-システイニルグリシン, GSH☆] が必要である. それは, S^0 が GSH に結合して初めて硫

黄ジオキシゲナーゼの作用を受けるかららしい．上述のように，チオ硫酸が開裂されて生じた硫黄原子は，硫黄結合タンパク質に結合しているので，この硫黄原子が硫黄ジオキシゲナーゼにより酸素化される場合は，GSH は不要であろう．

$$S^0 + O_2 + H_2O \xrightarrow[\text{GSH}]{\text{硫黄ジオキシゲナーゼ}} H_2SO_3 \tag{1.18}$$

このようにして，S^0 の酸素化およびチオ硫酸の開裂で生じた H_2SO_3 は，つぎに，亜硫酸–シトクロム c オキシドレダクターゼの作用で硫酸になる．亜硫酸–シトクロム c オキシドレダクターゼは，Mo とヘム C をもつ酵素で亜硫酸塩の存在下に，フェリシトクロム c (酸化型シトクロム c) を速やかに還元する．この反応で，フェリシトクロム c が還元されて生じたフェロシトクロム c (還元型シトクロム c) は，シトクロム c オキシダーゼの作用で酸化されて，フェリシトクロム c に戻る．

以上の素反応をもとにして考えると，*Starkeya novella* における硫黄化合物の酸化メカニズムは，図 **1.25** のように示すことができる．

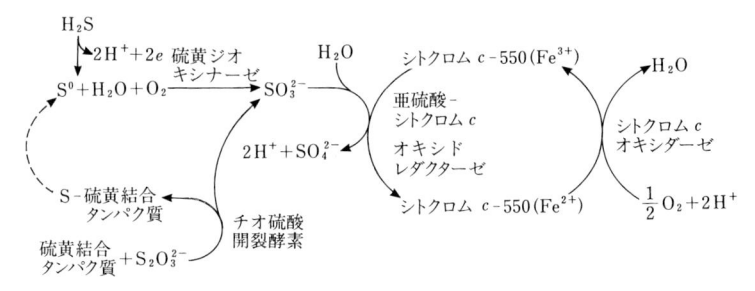

図 1.25 *Starkeya novella* における硫黄化合物の酸化メカニズム
  [シトクロム c–550 の 550 は，この細菌のシトクロムであることを示す．シトクロム $c(Fe^{3+})$ とシトクロム $c(Fe^{2+})$ は，それぞれ，酸化型シトクロム c と還元型シトクロム c．]

1.5.3 深海底の動物界を支える硫黄酸化細菌

本書では,硫黄酸化細菌が硫酸還元菌と協力してコンクリートの腐食など,人間社会に対して被害を及ぼすことを述べるのであるが,ここでは,この細菌が,ある環境では動物界を支えていることに触れておく.

2500m以上の深海底には多数の熱水噴出孔がある.熱水噴出孔は,金属の硫化物を含んだ黒色の熱水を噴出しているので,ブラックスモーカーとかチムニーなどとも呼ばれるが,この熱水には硫化水素やメタンも含まれている.水深2500mの海底は太陽光がとどかないので,暗黒の世界である.従来は,動物は植物に支えられており,植物は太陽光がないと生育しないので,このような暗黒の世界では動物は生息していないのではないかと考えられていた.

ところが,深海潜水艇で探索できるようになってみると,暗黒の深海底の熱水噴出孔の周辺に,たくさんの動物が生息していることがわかった.二枚貝,カニ,ヒトデ,エビ,チューブワームなどが生息している.チューブワームは直径3〜4cm,長さ2mもある管形で,頂上に赤い帽子(これは鰓)をつけてゆっさゆっさと揺れているという.そして,熱水噴出孔のまわりには,びっしり硫黄酸化細菌が生息している.

この硫黄酸化細菌は,これまでくわしく述べてきたのものと違い,*Beggiatoa*属の細菌で,桿状ではなく糸状で,それがからみ合ってマット状になっている.そして,動物たちはこの細菌を食べて生きていることがわかった.浅海域でつくられた有機物が降り注いできて,これらの動物の餌になっているのではないかと疑われたことも

図 1.26 熱水噴出孔 (上) のまわりにたくさんの動物が生息している様子 (左下：チューブワーム，右下：目の退化した白いカニと深海魚 (スズキ目ゲンゲ科の一種)
［NHK 取材班：NHK サイエンス・スペシャル—生命 40 億年はるかな旅—(1) 海からの創世, pp.28〜29, 日本放送出版協会, 1994より］

あるが，熱水噴出孔のまわりの硫黄酸化細菌の細胞構成物質と動物の体の構成物質の，$^{13}C/^{12}C$ や $^{15}N/^{14}N$ の同位体比が非常によく似ていることなどから，これらの動物は硫黄酸化細菌を食べて生きていることがわかった．チューブワームは口も肛門も退化してなくなっているが，体内に *Thiobacillus* 属の硫黄酸化細菌を飼っており，それを食べて生きている．チューブワームのもつヘモグロビンは，O_2 と硫化水素の両方を結合することができる．チューブワームは，

1.5 硫黄酸化細菌

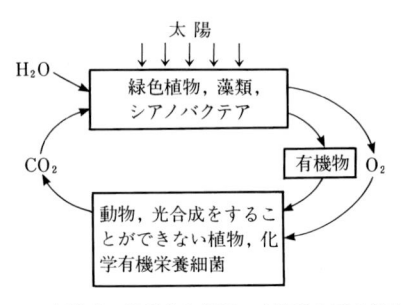

図 1.27 太陽光に依存する普通の生態系を示す概念図

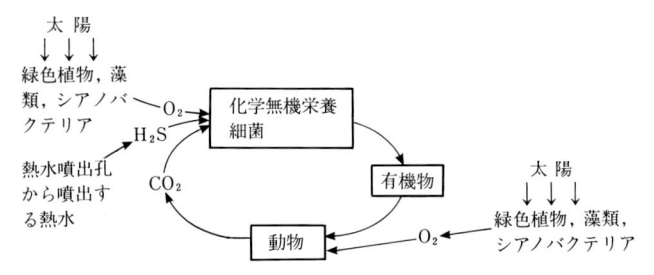

図 1.28 太陽光に依存しないと思われた深海底における生態系を示す概念図

その O_2 を自身が利用すると同時に硫黄酸化細菌にも与え，硫化水素を細菌に与える．

　以上のことからわかるように，この暗黒の深海底に生息する動物たちは，太陽光によらない化学無機栄養細菌のつくる有機物を利用して生きているのである．太陽がなくても動物が育つ．これはたいへんな驚きであった．

　ところが，熱水噴出孔からは O_2 が出てこないことがわかった．硫黄酸化細菌にしても動物にしても呼吸のためには O_2 が必要である．O_2 は，緑色植物が光合成により生成するものを利用しなければな

らない．やはり太陽がなければ動物は生きていけないことがわかり，初めの驚きは半減した．けれども，動物が利用する有機物についていえば，光合成をする植物のみでなく，(独立栄養) 化学合成をする細菌によっても，動物界が支えられていることがわかったのである．その後，熱水噴出孔付近には，嫌気性の化学無機栄養細菌が沢山生息していることがわかってきた．このような細菌が動物の餌になれば，細菌の方は O_2 を必要としないことになる．

1.6 好酸性鉄酸化細菌

鉄酸化細菌という化学無機栄養細菌がいる．二価鉄イオン (Fe^{2+}) を三価鉄イオン (Fe^{3+}) に酸化して，その際遊離されるエネルギーを利用して生育する．その中で，pH 2 付近の酸性で生育する好酸性鉄酸化細菌が，コンクリートの腐食や宅地の盤膨れに関係がある．好酸性鉄酸化細菌の代表的なものは *Acidithiobacillus ferrooxidans* であるが，この細菌は名称からもわかるように，硫黄酸化細菌の一種で，Fe^{2+} の酸化だけで得られるエネルギーで生育することができるのであるが，硫黄化合物の酸化のみでも生育することができる．

1.6.1 好酸性鉄酸化細菌の培養

Acidithiobacillus ferrooxidans は Silverman と Lundgren の 9 K 培地 (多少改変したものを，表 1.7 に示した) を用い，28〜30°C で激しく通気して培養する．たとえば，1 000 ml のこの培地を調製するには，$FeSO_4$ 以外の塩を 2 倍濃度に溶かした溶液 500 ml(pH 2.0) を，121°C，15 分間加熱滅菌した後，メンブレンフィルターで除菌

表 1.7 *Acidithiobacillus ferrooxidans* 用培地組成の一例

$(NH_4)_2SO_4$	[3.0 g]	$MgSO_4\cdot 7H_2O$	[0.5 g]
KCl	[0.1 g]	$Ca(NO_3)_2$	[0.01 g]
K_2HPO_4	[0.5 g]	$FeSO_4\cdot 7H_2O$	[25〜100 g]
$CuSO_4\cdot 5H_2O$	[0.1 g]		

脱イオン水 1 000 ml に溶かし，H_2SO_4(濃硫酸か比較的高濃度の硫酸) で pH を 2.0 にする．

少し改変した Silverman & Lundgren(1959) の 9 K 培地

した 5〜20 g/100 ml の $FeSO_4 \cdot 7H_2O$ を含む溶液 500 ml(pH 2.0) を無菌的に混合する．しかし，10 l 以上の培地を調製する場合は，手間を省くため，$FeSO_4$ も加えた培地を加熱滅菌する．培養中に，$Fe(OH)_3$ が沈殿するのを極力防ぐため，ときどき硫酸を加えて pH が 2.2 以上にならないようにし，EDTA の二ナトリウム塩も，ときどき，培養液 1 l につき 4 g ずつ加える．

1.6.2 二価鉄の酸化メカニズム

Fe^{2+} は，中性付近では O_2 により容易に酸化されて Fe^{3+} になるが，pH 2 付近の酸性ではなかなか酸化されない．ところが，*Acidithiobacillus ferrooxidans* が存在すると pH 2.0 においても容易に酸化される．Fe^{2+} の酸化メカニズムは，同じ *Acidithiobacillus ferrooxidans* においても種によって少し異なるらしい．*Acidithiobacillus ferrooxidans* JCM 7811 においては，まず，二価鉄–チトクロム c オキシドレダクターゼという 1 分子に 8 個の [Fe_4S_4] をもつ酵素が Fe^{2+} から電子を抜き取る．

つぎに，この電子がシトクロム c–552 に渡され，さらにシトクロム c オキシダーゼを経て，O_2 に渡される．他種の *Acidithiobacillus ferrooxidans* においては，二価鉄–ラスチシアニンオキシドレダクターゼが，最初に Fe^{2+} から電子を抜き取るとされている．ラスチシアニンは銅をもつ青色タンパク質であるが，二価鉄–シトクロム c オキシドレダクターゼは，ラスチシアニンを還元しない．しかし，微量のシトクロム c–552 存在すると，二価鉄–ラスチシアニン還元活性を示すようになる．二価鉄–ラスチシアニンオキシドレダクターゼの中にはシトクロム c が混在するというから，この酵素は，二価鉄–

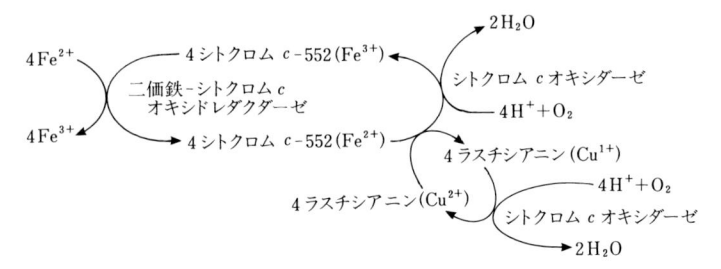

```
4Fe²⁺ ─→ 4 シトクロム c-552(Fe³⁺)          2H₂O
       二価鉄-シトクロム c            シトクロム c オキシダーゼ
         オキシドレダクターゼ
4Fe³⁺ ←─ 4 シトクロム c-552(Fe²⁺)          4H⁺+O₂
                               4 ラスチアニン(Cu¹⁺)
                    4 ラスチアニン(Cu²⁺)      4H⁺+O₂
                                         シトクロム c オキシダーゼ
                                         2H₂O
```

図 1.29 *Acidithiobacillus ferrooxidans* JCM 7811 における Fe^{2+} の酸化メカニズム

[シトクロム c–552(Fe^{3+}) とシトクロム c–552(Fe^{2+}) は，それぞれ，シトクロム c–552 の酸化型と還元型，また，c–552 の 552 は，この細菌のシトクロム c を示す．ラスチアニン (Cu^{2+}) とラスチアニン (Cu^{1+}) は，それぞれ，ラスチアニンの酸化型と還元型．]

シトクロム c オキシドレダクターゼ＋シトクロム c–552 の可能性がある．さらに，ある種の *Acidithiobacillus ferrooxidans* では，シトクロム c の関与なしに，シトクロム c オキシダーゼが Fe^{2+} を酸化するという．現在までに一番よく研究されている *Acidithiobacillus ferrooxidans* JCM 7811 における Fe^{2+} の酸化メカニズムは，図 **1.29** に示すとおりである．

すでに述べたように，*Acidithiobacillus ferrooxidans* は Fe^{2+} のほかに，H_2S のような硫黄化合物も酸化する．後述するように，被腐食コンクリート中にもこの細菌が生息しているが，被腐食コンクリートから採取したこの細菌も H_2S を酸化して硫酸をつくる．

1.6.3 好酸性鉄酸化細菌のいろいろな性質

Acidithiobacillus ferrooxidans は，100 μM 以下の濃度のギ酸ナ

トリウムを酸化して生育することができるが，ギ酸ナトリウムの濃度が 100 μM 以上になると，生育の阻害作用が現れることが報告されている．これは，後述する，この細菌が Fe^{2+} を酸化して生育する場合のギ酸カルシウムの影響ではなく，ギ酸ナトリウムを餌として生育する場合の話である．

筆者らは，後述するように，50 mM 以上の濃度のギ酸カルシウムが，この細菌の Fe^{2+} の酸化による生育を完全に阻害することを見出した．

Acidithiobacillus ferrooxidans は，重金属イオンに対してはかなり耐性がある．すなわち，65 mM Cu^{2+}, 100 mM Ni^{2+}, 100 mM Co^{2+}, 100 mM Zn^{2+}, 500 mM Cd^{2+}, あるいは 0.1 mM Ag^+ が存在しても，Fe^{2+} を酸化する活性はほとんど阻害されない．さらに，2 mM UO_2^{2+} の存在下でも，生育が阻害されないまでに耐性を獲得する．また，Fe^{2+} を酸化する活性は，1.5 mM AsO_4^{3-} で阻害されるといわれていたが，最近では，80 mM AsO_3^{3-} の存在下でも，287 mM AsO_4^{3-} の存在下でも，Fe^{2+} を酸化する活性が完全には阻害されない菌株も得られている．AsO_3^{3-} と AsO_4^{3-} に対する耐性は，この細菌を用いてアルゼノパイライト (硫ヒ鉄鉱，FeAsS) を可溶化するときにはとくに重要である．

Acidithiobacillus ferrooxidans は，嫌気的条件下に S^0 やギ酸を Fe^{3+} で酸化する．S^0 を酸化するとき遊離される自由エネルギーは 75 kcal/mol であり，この細菌は，このエネルギーを使って嫌気的条件下に生育することができる．後で問題になるが，普通の硫黄酸化細菌はパイライト (FeS_2) を酸化できないのに対し，*Acidithiobacillus ferrooxidans* は次の反応によってパイライトを酸化する．

$$2\text{FeS}_2 + 7\text{O}_2 + 2\text{H}_2\text{O} \longrightarrow 2\text{FeSO}_4 + 2\text{H}_2\text{SO}_4 \qquad (1.19)$$

パイライト　　　　　　　　　　　　硫酸第一鉄　　硫酸

よく,パイライトは空気に触れると容易に酸化されるようにいわれているが,*Acidithiobacillus ferrooxidans* が存在しないと,pH 2.0 で 2 週間くらい通気しても,ほとんど酸化されない (p.101).

1.6.4　好酸性鉄酸化細菌の利用

本書では,*Acidithiobacillus ferrooxidans* がコンクリートの腐食や宅地の盤膨れなどの被害の原因になっていることを述べるのであるが,他方では,この細菌はいろいろ利用されているので,そのことについて簡単に触れておく.

(a)　バクテリアリーチング

Acidithiobacillus ferrooxidans の利用としては,まず,バクテリアリーチングがあげられる.銅の鉱石のうち,ラン銅鉱 [$\text{Cu}_3(\text{OH})_2(\text{CO}_3)_2$], クジャク石 [$\text{Cu}_2(\text{OH})_2\text{CO}_3$], 黒銅鉱 [$\text{CuO}$] などは,5％程度の硫酸で数時間ないしは数日間処理すると,ほとんど 100％近くその銅が硫酸銅として浸出される.これに対して,輝銅鉱 [Cu_2S], 銅ラン [CuS], ハン銅鉱 [Cu_5FeS_4], 黄銅鉱 [CuFeS_2] などの銅の硫化物を含む鉱石から銅を溶かし出すには,Fe^{3+} の共存が必要である.たとえば,黄銅鉱から Cu を溶かし出す反応は次式のように起きる.

$$\begin{aligned}&\text{CuFeS}_2 + 2\text{Fe}_2(\text{SO}_4)_3 + 2\text{H}_2\text{O} + 3\text{O}_2 \\ &\qquad \longrightarrow \text{CuSO}_4 + 5\text{FeSO}_4 + 2\text{H}_2\text{SO}_4\end{aligned} \qquad (1.20)$$

Fe^{2+} をリサイクルして使用するには,生じた Fe^{2+} を酸化してやら

なければならない．ところが，反応の結果硫酸が生じるので，反応溶液はpH 2くらいの酸性になっている．したがって，いくら通気しても，Fe^{2+} の酸化は起きない．そこで，*Acidithiobacillus ferrooxidans* を共存させて Fe^{2+} をリサイクルして使用することにより，Cuを連続浸出することができる．このように細菌の関与のもとに鉱石から金属を浸出することを，バクテリアリーチング (もっと一般的には，バイオリーチング) という．銅だけでなく，アンチモン，亜鉛，ビスマス，マンガン，コバルト，ニッケル，ウランなども，それらを含む鉱石からバクテリアリーチングにより浸出できる．なかでも特筆すべきはウランの場合であろう．

ウラン鉱のうち，わが国で産出するリン灰ウラン鉱 [$Ca(UO_2)_2(PO_4)_2$, 組成は簡略化してある] からも *Acidithiobacillus ferrooxidans* を利用して，ウラン (U) を硫酸ウラニル (UO_2SO_4) として浸出できるが，この浸出はあまりうまくいかないようである．

$$\underset{\text{リン灰ウラン鉱}}{Ca(UO_2)_2(PO_4)_2} + 2Fe_2(SO_4)_3 + H_2SO_4 + 4H^+$$
$$\longrightarrow 2\underset{\text{硫酸ウラニル}}{UO_2SO_4} + 4FeSO_4 + 2\underset{\text{リン酸}}{H_3PO_4} + \underset{\text{硫酸カルシウム}}{CaSO_4}$$

(1.21)

[式 (1.21) では H^+ の電荷の処理に問題があるが，鉱石が関係するという複雑な反応系であるから，その電荷は，どこかで処理されるであろう．]

これに対して，閃ウラン鉱 (ピッチブレンド，UO_{2+x}) が主な鉱石の場合は *Acidithiobacillus ferrooxidans* でうまくウランを浸出することができる．

☆ 銅の浸出における $Fe_2(SO_4)_3$ と $FeCl_3$ の違い

　三価鉄化合物は銅鉱物からの銅の浸出だけでなく，金属銅を銅イオンとして溶かし出すのにも利用される．すなわち，銅板のエッチングや電子回路の基板づくりである．これらの操作においては，硫酸第二鉄 [$Fe_2(SO_4)_3$] 溶液でなくて塩化第二鉄 [$FeCl_3$] 溶液が用いられる．それは硫酸第二鉄より塩化第二鉄がはるかに速く銅を溶かすからである．銅板の処理に硫酸第二鉄を使用すれば，処理済み液を *Acidithiobacillus ferrooxidans* を利用してリサイクルして使用できる可能性もあるが，この細菌は塩化物イオンに弱いため，現在のところこの処理液を再使用することができない．それにしても，三価鉄の硫酸塩と塩化物で銅の浸出力がこのように違うとは不思議に思える．銅に作用する場合，どちらも Fe^{3+} となって作用するのであれば，両者が同じ力を発揮してもよさそうなものである．しかし，銅を浸出するのは，簡単に，Fe^{3+} であるとはいかないようである．たとえば，硫酸第二鉄はエタノールにほとんど溶けないのに対し，塩化第二鉄はエタノールに容易に溶ける．ということは，塩化第二鉄における鉄と塩素の結合はかなり共有結合的性質が強く，このことが，銅を銅イオンとして浸出するのにかかわっているのではないだろうか．

$$UO_2 \text{（二酸化ウラン）} + Fe_2(SO_4)_3 \longrightarrow UO_2SO_4 + 2FeSO_4 \qquad (1.22)$$

[式 (1.22) では，閃ウラン鉱の組成を簡略し，UO_2 とした．なお，UO_2 は水に不溶であり，UO_2SO_4 は水に可溶である．]

(b) 硫化水素の処理

Acidithiobacillus ferrooxidans を共存させることにより，Fe^{3+} による硫化水素の処理を連続的に進行させることができる．この反応による硫化水素の処理は，電力消費量もきわめて少なく，生じた単体硫黄は親水性で，この硫黄の需要があれば非常に有効な方法であるが，得られる硫黄は，普通，不純物を含むので，あまり利用価値がないのが難点である．

$$H_2S + 2Fe^{3+} \longrightarrow 2H^+ + S^0 + 2Fe^{2+} \tag{1.23}$$

(c) 金属の湿式製錬

湿式製錬において，Fe^{2+} の酸化に利用されている．すなわち，まず，黒鉱☆を自溶炉で高温加熱処理して，銅 (Cu)，金 (Au)，銀 (Ag)

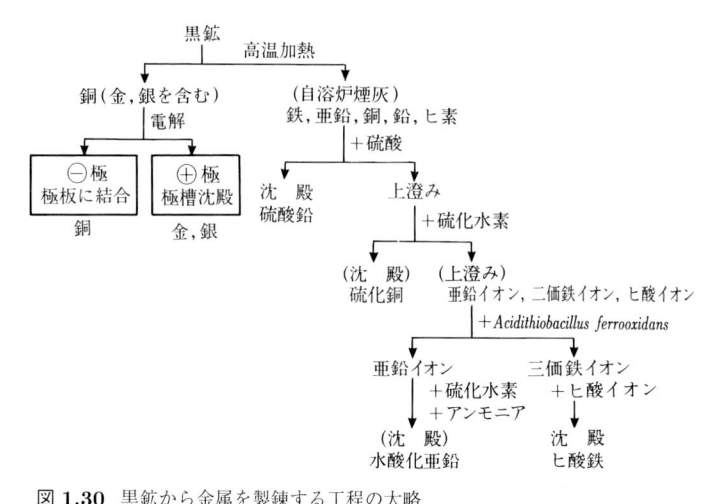

図 **1.30** 黒鉱から金属を製錬する工程の大略
 [山中健生：環境にかかわる微生物学入門，講談社 (2003) より]

を溶かし出すが，この時揮発した自溶炉煙灰は，鉛 (Pb)，銅，鉄 (Fe)，亜鉛 (Zn)，ヒ素 (As) を含んでいる．つぎに，この煙灰を硫酸に溶かして製錬を行うが，ここからが湿式製錬になる．煙灰を硫酸に溶かすと，鉛は硫酸鉛 ($PbSO_4$) として沈殿する．硫酸鉛を回収した上澄みに，硫化水素を通じて残存していた銅を硫化銅 (CuS) として沈殿させる．上澄みに残っている亜鉛 (Zn^{2+})，ヒ素 [ヒ酸 (AsO_4^{3-}) となっている]，鉄 (Fe^{2+}) から亜鉛を取り出すのに *Acidithiobacillus ferrooxidans* を利用して Fe^{2+} を Fe^{3+} に酸化する．すると，ヒ酸

☆ 黒鉱

　黒鉱，ないしは黒鉱鉱床を含む鉱山は，深海底熱水噴出孔およびその周辺が隆起してできたものだと考えられている．熱水噴出孔から噴き出す熱水にはいろいろな金属の硫化物などが含まれており，これが熱水噴出孔の周辺に堆積しているので，このような堆積物が隆起してできた鉱山には，いろいろな金属の硫化物が含まれているわけである．そして，金 (銀についてはよくはわからないが) が単体で含まれている原因がわかりかけている．

　熱水噴出孔付近に生息する超好熱性細菌，たとえば，*Pyrobaculum islandicum* は，H_2 を用いて塩化金 ($AuCl_3$) を金の単体に還元することがわかった．したがって，熱水噴出孔付近に堆積した金の化合物が，このような細菌により還元されて単体となってそれが隆起してきたので，黒鉱のなかには単体の金が含まれていると考えられる．

鉄 (FeAsO$_4$) が沈殿し，上澄みにアンモニアを加え硫化水素を通じることにより，亜鉛を水酸化亜鉛 [Zn(OH)$_2$] として取り出すことができる (図 **1.30**).

(d) 微量の金を含むパイライトの金の濃縮

南アフリカやメキシコでは，微量の金 (と銀) を含むパイライト (FeS$_2$) が産出する．微量とはどれくらいかというと，鉱石 1t の中に 8.2g の金 (および 43g の銀) しか含まれていないということである．この鉱石にいきなり青酸ソーダ (シアン化ナトリウム，NaCN) を作用させても，青酸ソーダが金のところまで到達しない．そこで *Acidithiobacillus ferrooxidans* でこの鉱石を前処理してやる．そうすると金が濃縮されているので，青化ソーダで金，銀を浸出する方法 (青化浸出法) が適用できるというわけである．

$$\underset{\text{金を含むパイライト}}{\text{FeS}_2(\text{Au})} + 3.5\text{O}_2 + \text{H}_2\text{O}$$
$$\longrightarrow \text{FeSO}_4 + \text{H}_2\text{SO}_4 + \text{Au} \tag{1.24}$$

$$2\text{Au} + \underset{\text{シアン化ナトリウム}}{4\text{NaCN}} + 2\text{H}_2\text{O}$$
$$\longrightarrow \underset{\text{ジシアノ金 (I) 酸ナトリウム}}{2\text{NaAu}(\text{CN})_2} + \underset{\text{水酸化ナトリウム}}{2\text{NaOH}} + \text{H}_2 \tag{1.25}$$

$$2\text{NaAu}(\text{CN})_2 + \text{Zn}$$
$$\longrightarrow 2\text{Au} + \underset{\text{テトラシアノ亜鉛酸ナトリウム}}{\text{Na}_2\text{Zn}(\text{CN})_4} \tag{1.26}$$

(銀も同様にして取り出すことができる．)

(e) 鉱山の湧き水の処理

たとえば，岩手県にある旧松尾鉱山からは，廃鉱になってからも多量の Fe^{2+} を含む酸性の湧き水 (坑廃水) が出ている．この湧き

```
坑廃水 二価鉄イオン＋硫酸, pH 1.7～2.0
              ↓ +Acidithiobacillus ferrooxidans
三価鉄イオン＋硫酸
              ↓ +少量の炭酸カルシウム (pHを3～4にする)
   ┌──────────┴──────────┐
  沈 殿                上澄み
水酸化第二鉄          炭酸カルシウムで中和
                   ┌────────┴────────┐
                 (沈 殿)          (上澄み)
                硫酸カルシウム          └────→ 放流
```

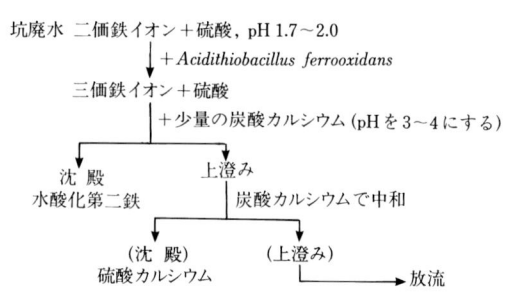

図 1.31 鉱山の湧き水の処理を示す原理図
[山中健生：環境にかかわる微生物学入門, 講談社 (2003) より]

水を処理するのに，いきなり消石灰と炭酸カルシウムを加えて中和すると，水酸化第二鉄と硫酸カルシウムのコロイド状混合沈殿物が生じ，再利用できないどころか捨て場所に困る．そこで，湧き水を *Acidithiobacillus ferrooxidans* で処理して Fe^{2+} を Fe^{3+} に酸化した後，少量の炭酸カルシウムを加えて pH を 3～4 にしてやると，水酸化第二鉄が沈殿する．つぎに，その上澄みにさらに炭酸カルシウムを加えて中和すると，硫酸カルシウムが沈殿する (図 1.31)．水酸化第二鉄の沈殿と硫酸カルシウムの沈殿は別々に得られるので，再利用できるのである．

第2章　細菌によるコンクリートの腐食

2.1　被腐食コンクリート中に生息する細菌の検索

　20年前であれば，コンクリートの関係者を前にして，細菌によるコンクリートの腐食という問題を指摘しても，それはなかなか認められないことであった．しかし，昨今では，下水処理施設のコンクリート製品，とくに汚泥濃縮槽や汚泥貯留槽などの表面に白い粉がふき，ぼろぼろに壊れるようになっている有様を，それが硫黄酸化細菌によって生じたことであると，多くの関係者が認めるようになっている．それでは，いったい，どのようにして，細菌がコンクリート腐食の原因になっているということがわかるのであろうか．

　下水処理施設のコンクリートの表面が，早いところでは5〜6年で白い粉がふいたようになり，スパチュラ(化学さじ)で掻き落せるようになる(図 **2.1**)．

　下水は有機物を多量に含んでおり，嫌気的になっているので，そ

図 2.1 腐食された下水処理施設のコンクリートの写真 〈(株) フジタ 渡部嗣道 博士 (現大阪市立大学生活科学部) 提供〉

の中で硫酸還元菌が硫酸塩を還元して，硫化水素をつくる．その硫化水素が上昇して空気中へ出ると，コンクリートの表面に生息する硫黄酸化細菌により硫酸に酸化される．硫酸は，コンクリート表面にある細孔に入り，水が蒸発して濃縮され，これがコンクリートを腐

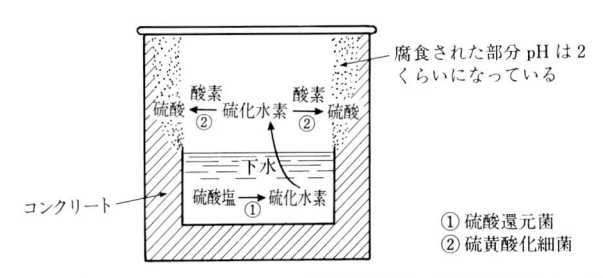

図 2.2 下水処理施設のコンクリート製汚泥濃縮槽や汚泥貯留槽などの側壁が細菌で腐食される様子を示す模式図
[山中健生：環境にかかわる微生物学入門, 講談社 (2003) より]

食する．コンクリートが腐食されるには酸素が必要で，コンクリートの下水に浸っている部分は腐食されない (図 2.2)．

このようなコンクリートの腐食は，下水処理施設だけでみられるのではなく，大きなビルの地下にある排水槽 (ビルピット) のコンクリートにも，ずいぶん腐食されているものがある．

たとえば，建築後 17 年のスーパーマーケット (地上 7 階・地下 2 階) の地下 2 階の排水処理施設の中の一つの原水槽では，コンクリートの表面から約 4 cm の深さまでが腐食され，その部分の pH を測定すると，表面で 2, 深さ 4 cm のところで 3 になっていた．それでは，このように腐食されたコンクリートの中に，確かに硫黄酸化細菌が生息しているかどうかを調べてみよう．

2.1.1 硫黄酸化細菌

このコンクリートの腐食された部分に，確かに硫黄酸化細菌が生息していることは次のようにしてわかる．たとえば，500 ml 坂口フラスコに 200 ml の S 6 培地 (p.38)，あるいは *Starkeya novella* 用

図 2.3 培地を入れた坂口フラスコ

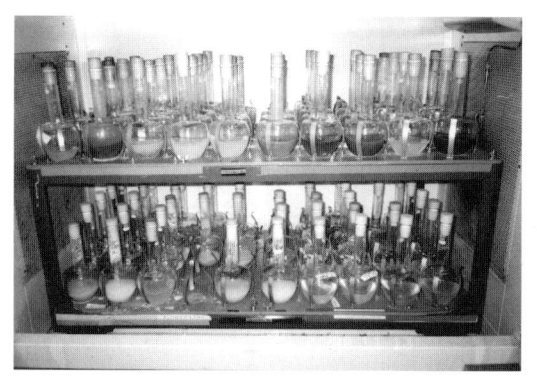

図 2.4 多数の坂口フラスコを用いて震盪培養している様子

無機培地 (p.38) を入れて，これにコンクリートの被腐食部分を粉にしたもの 5g を加え，30°C に保ちながら 100 回/分くらいの速さで震盪する (図 **2.3**, 図 **2.4**).

毎日培養液 2.0 ml を取り，pH メーターで pH を測定する．検体中に硫黄酸化細菌が生息していると，培地中のチオ硫酸イオン ($S_2O_3^{2-}$)

が酸化されて硫酸が生じるので，培養液のpHが低下する．したがって，培養液のpHが低下してくれば，使用した被腐食コンクリートの中に硫黄酸化細菌が生息していたことがわかる．このpHの低下が細菌によってもたらされたことは，検体を121°C，20分処理すると，pHの低下が起きなくなることでわかる．

また，S6培地や *Starkeya novella* 用無機培地は無機物だけを含む培地であるから，被腐食コンクリートの中に化学有機栄養細菌が生息していても，それらは増殖してこない．また，ほかの化学無機栄養細菌が生息していても，硫黄化合物を酸化して生育する細菌，つまり硫黄酸化細菌しか増殖してこない．したがって，これらの培地を使用することにより，硫黄酸化細菌を選択的に取り出す，あるいは検出することができる．

図 **2.5** に示したのは，細粉化した被腐食コンクリートをS6培地で培養したときの結果の一例である．pHが4くらいまで低下したところで，pHの低下が一時的に止まっている．これは，被腐食コンクリート中にpH5〜8で生育できる細菌と，pH1〜5で生育できる細菌がいて，まず前者が生育してpHが4付近(前者の細菌でも一般に5より少し低いpHの所まで生育できる)になったところで，後者の細菌が活発に生育して，さらにpHが低下したのではないかとも考えられるが，既知の1種の硫黄酸化細菌を培養したときにもこのpH低下における"一時停止"の現象がみられるので，この現象は，必ずしも2種の細菌の存在を示すものではない．培養液のpHが1.4まで低下したところで，遠心分離により細菌を集め走査型電子顕微鏡で観察すると，図 **2.7** に示した写真のように，確かに桿菌がいることがわかる．

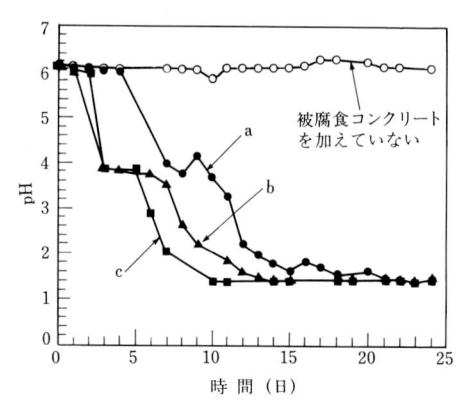

図 2.5 被腐食コンクリート中の細菌を S6 培地で培養したときの pH の変化
[a, b, c は, それぞれある消化槽の違った場所の被腐食コンクリートを加えて培養実験をおこなった結果. 培養開始時の培養液の pH は 6 付近に調整してある.]

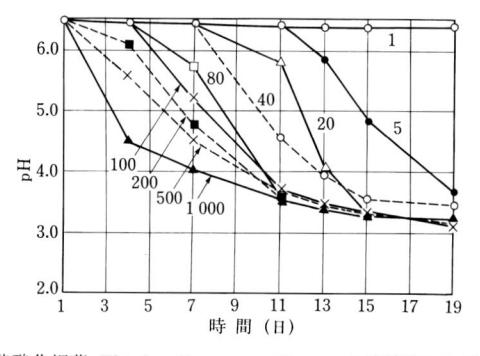

図 2.6 硫黄酸化細菌 *Thiobacillus neapolitanus* の培養時における細菌細胞数と pH の低下との関係
[S6 培地 50m*l* に種々の数の細菌細胞を加えて 28°C で震盪培養したときの pH の低下の様子. 曲線の周辺に示してある数字が 50m*l* 中の培養開始時の細菌細胞数. なお, 培養開始時の培養液の pH は 6.5 付近に調整してある.]

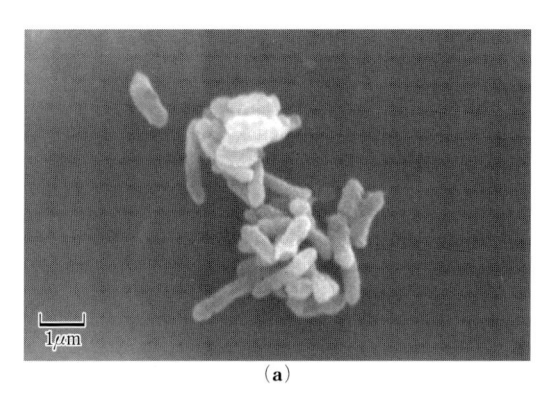

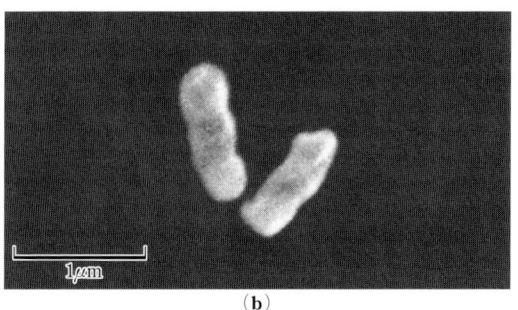

図 2.7　被腐食コンクリート中の細菌 (a) および *Thiobacillus neapolitanus*(b) を S6 培地で培養して集菌したものの走査型電子顕微鏡写真
　　　　［バーの長さは 1 μm］

　この細菌は，S6 培地で選択的に増殖した桿菌であり，比較のため示してある *Thiobacillus neapolitanus* の形とも似ているので硫黄酸化細菌である．この写真でみると，ここに存在する細菌は 1 種であるように思われる．

　図 2.5 では，サンプルにより pH の低下開始時間が違っている．これは，検体中の生菌数による．pH の低下開始時間が生菌数に反

比例するというほどには，両者の間に明確な関係はないが，生菌数が多くなればpHの低下が早く始まり，低下の速度も大である(図 **2.6**).

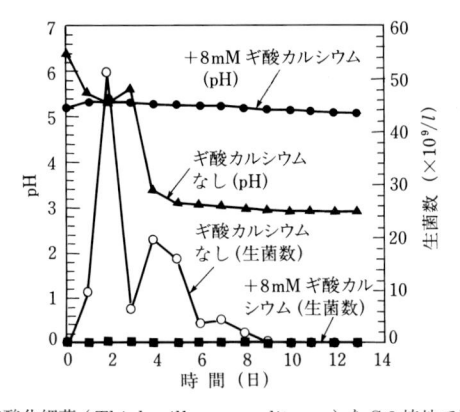

このような細菌の培養において，pHの低下が細菌の増殖を示していることは，図 **2.8** に示した生菌数の増加からも明らかである．また，生きた細胞はATPをもっているので，第1章で述べたように(p.41〜42)，培養液中のATP量を測定しても生菌数の増加を知ることができる(図 **2.9**)．しかし，化学無機栄養細菌のように生育速度が小さい細菌では，ATP含量と生菌数とが正確に比例関係にあるかどうかは疑わしい．とにかく，ATP含量が大であれば生菌数が多いということはいえそうである．なお，図 **2.8** と図 **2.9** の場合，培養による生菌数の計測とATPの測定とでは，図中の曲線の形が

図 **2.8** 硫黄酸化細菌 (*Thiobacillus neapolitanus*) をS6培地で培養するときの，pHの低下と細菌数の変動の関係
 [培養開始時の培養液のpHは6付近に調整してあるが，添加物などの影響で少しずれている]

第2章 細菌によるコンクリートの腐食

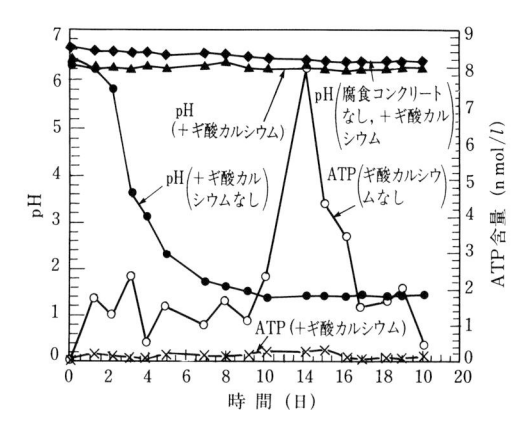

図 2.9 被腐食コンクリート中の細菌を S6 培地で培養するときの，pH の低下と ATP 含有量の変動
[培養開始時の培養液の pH は 6.5 付近に調整してある．ギ酸カルシウムの濃度は 10 mM．]

大きく違っているが，これは主に，細菌の種の違いによるものであろう．図 2.8 と図 2.9 には，ギ酸カルシウムにより硫黄酸化細菌の生育が阻害されることをも示してあるが，このことについては項を改めて述べる．

ここで強調しておきたいことは，ギ酸カルシウムで硫黄酸化細菌の生育が阻害されていると pH の低下もみられなくなるので，pH の低下が，被腐食コンクリートにより無生物的に起きたのではない，ということである．さらに，被腐食コンクリートなしでギ酸カルシウムのみを加えた培地を震盪しても，pH は変化しない．

図 2.8 において，生菌数は，一度減少した後，pH の低下が落ち着きかけたところで，もう一度増加してくる．これは何回か実験を繰り返しても，同様の結果になった．

さらに，図 2.9 で，ATP の含有量は，pH が急に低下し始めたところではあまり増加せず，pH がほとんど最終値まで低下した時点で非常に増加している．pH の低下が急な時点では，細菌数の増加 (ATP の増加) が急であり，多くの細胞 (の内容物) を合成するのに ATP が消費されるので，ATP の合成も盛んだが消費も盛んで，差し引き ATP はあまり増加しないと考えられる．pH が落ち着き，もう細菌数があまり増加しない時点でも，そのような条件になった始めのうちは硫黄化合物を盛んに酸化して ATP を多く合成し，この ATP はあまり消費されないので，全体として ATP 含有量が増加するのであろう．

2.1.2 被腐食コンクリート中には複数種の硫黄酸化細菌がいる

異なる下水処理施設から採取した硫黄酸化細菌は，異なる生育様相を示すことがある．すなわち，これらの細菌のなかには，pH 6.5 から培養を始めると，pH 低下が起きる前に一度，pH が 7.5 以上まで上昇するものがある．そして，このような細菌は，長時間培養しても，最終 pH は 2.4 までしか低下しない．一方，多くの場合は，培養初期の pH 上昇は見られず，長時間の培養で pH が 1.4 まで低下する (図 2.10)．そこで，これらおのおのの細菌細胞から DNA を取り出しその GC 含量を調べてみると，前者の細菌 DNA の GC 含量は 55.8 モル％で，*Thiobacillus neapolitanus* の DNA のものに近く，後者の細菌 DNA の GC 含量は，51.7〜53.6 モル％で，*Acidithiobacillus thiooxidans* の DNA のものに近かった．

ということは，培養の最終段階で優勢を占める細菌が，下水処理施設が違えば違っている場合がある，ということを示している．そして，従

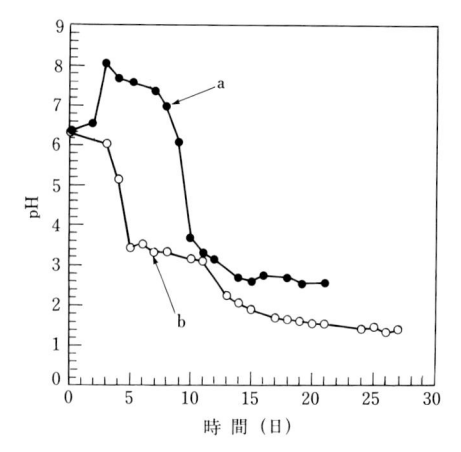

図 2.10 異なる下水処理施設の被腐食コンクリート中の細菌を S6 培地で培養したときの pH の低下過程の比較

[a, b は, 異なる下水処理施設の被腐食コンクリート中の細菌. 培養開始時の培養液の pH は 6.5 付近に調整してある.]

来考えられていたように, コンクリートの腐食においては, まず, pH 5 ～8 で生育する硫黄酸化細菌が増殖し, 続いて, pH 1～5 で生育する硫黄酸化細菌が増殖して硫酸を多量に生成する, ということばかりではなさそうである. つまり, 最終的に, *Acidithiobacillus thiooxidans* (生育 pH, 1～5) が優勢であったり, *Thiobacillus neapolitanus* (生育 pH, 5～8) が優勢であったりすることもあるということである.

これまでに筆者らが調べた, 東京周辺および沖縄県の下水処理施設から採取した硫黄酸化細菌の DNA の GC 含量を**表 2.1** に示しておく. だだ, この表の結果は, これらの場所の細菌の種が常にこういうものであるということを示すものではない. 細菌の種は, 実験に用いた被腐食コンクリートの状態などにも左右されるであろう. し

表 2.1 東京周辺および沖縄県の下水処理施設から採取した硫黄酸化細菌の DNA の GC 含量

下水処理施設のある場所	DNA の GC 含量 (モル%)	予想される硫黄酸化細菌
東京都 A	54.1	*Acidithiobacillus thiooxidans*
東京都 B	51.7	*Acidithiobacillus thiooxidans*
東京都 C	57.9	*Thiobacillus neapolitanus*
東京都 D	49.8	*Acidithiobacillus thiooxidans*
東京都 E	52.9	*Acidithiobacillus thiooxidans*
東京都 F	63.4*	*Acidithiobacillus acidophilus*
東京都 G	67.8	*Paracoccus vertusus*
神奈川県 A	56.8	*Thiobacillus neapolitanus*
神奈川県 B	66.9	*Paracoccus versutus*
神奈川県 C	52.9	*Acidithiobacillus thiooxidans*
千葉県 A	68.1	*Paracoccus versutus*
千葉県 B	53.9	*Acidithiobacillus thiooxidans*
埼玉県	53.6	*Acidithiobacillus thiooxidans*
沖縄県	52.5	*Acidithiobacillus thiooxidans*

*: *Thiobacillus denitrificans* の DNA の GC 含量 (63 モル%) にも似ているが, 被腐食コンクリートの pH が 2 付近になっているのに対し, この細菌は中性付近でしか生育しないので, *Acidithiobacillus acidophilus* であると考えた.

かし, どの処理場の被腐食コンクリートを用いても同じ結果になるというわけではない. ということは, 腐食の最終段階で優勢を誇る細菌種が種々あるということ, とくに, 最終段階で優勢なのは, よくいわれているように, *Acidithiobacillus thiooxidans* のような生育 pH が 1〜5 のものばかりではないことをを示している.

ところで, このようにして, 被腐食コンクリートの中には硫黄酸化細菌が生息していることがわかるが, これらの細菌がコンクリートの腐食に関与することはどのようにしてわかるであろうか. これに

解答を与える一つはシミュレーションで,コンクリートテストピースに,硫黄酸化細菌とその培地を散布すればコンクリートが腐食され,散布しなければ腐食されないという事実である.そして,腐食されたテストピースの表面の pH は 2〜3 に低下しており,その表面には散布したよりはるかに多い数の硫黄酸化細菌が生息している.また,後述するように,硫黄酸化細菌の生育を阻害するギ酸カルシウムの添加で,テストピースの腐食もかなり抑制される.これらの事実は,コンクリートの腐食が硫黄酸化細菌により引き起こされることを示している.

2.1.3 ギ酸カルシウムによる硫黄酸化細菌の生育阻害

チオ硫酸塩をエネルギー源にして *Starkeya novella* を培養するとき,0.1%(14.7 mM) のギ酸ナトリウムを加えておくと,得られた細菌細胞の細胞膜が非常に壊れやすくなる.どうして壊れやすくなるかはわかっていない.それでは,もっと高濃度のギ酸塩は硫黄酸化細菌の生育を阻害するのではないか,と考えて 2, 3 の硫黄酸化細菌の生育に対するギ酸カルシウムの影響を調べた.そうすると,すでに図示したように *Thiobacillus neapolitanus* (図 **2.8**) も *Acidithiobacillus thiooxidans* (図 **1.23**) も 8〜10 mM ギ酸カルシウムによりその生育が完全に阻害された.また,*Acidithiobacillus ferrooxidans* の生育も 10 mM ギ酸カルシウムにより完全に阻害された (図 **2.11**).

そこで,ギ酸カルシウムの効果を,被腐食コンクリートから採取した硫黄酸化細菌 (つまり,コンクリート中の細菌を培養する場合) について調べてみた.そうすると,図 **2.12** (および図 **2.9**) に示したとおり,被腐食コンクリート中の硫黄酸化細菌も,ギ酸カルシウ

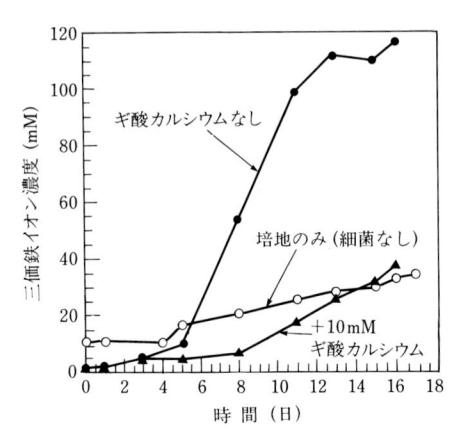

図 2.11 *Acidithiobacillus ferrooxidans* JCM 7811 の生育に対するギ酸カルシウムの影響

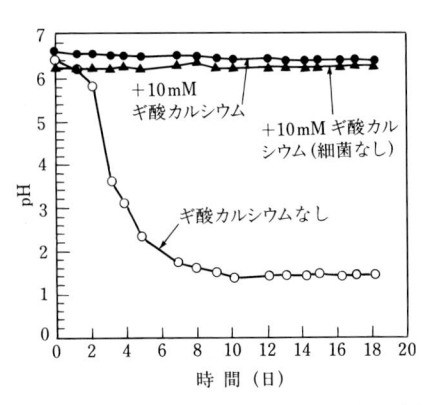

図 2.12 被腐食コンクリートから採取した硫黄酸化細菌に対するギ酸カルシウムの影響
[培養開始時の培養液の pH は 6.5 付近に調整してある．]

ムでその生育が阻害された．ただ，10 mM ギ酸カルシウムで生育が完全に阻害される場合もあり，50 mM ギ酸カルシウムを用いないと

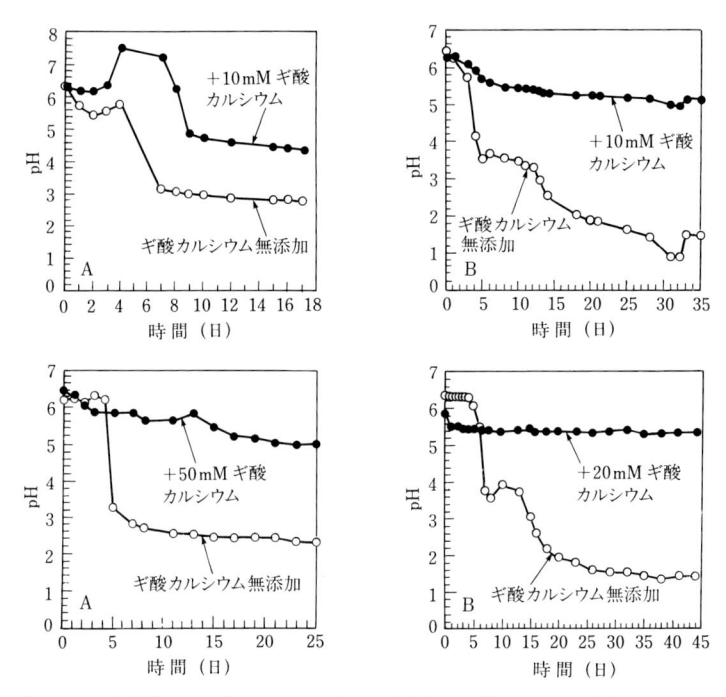

図 2.13 被腐食コンクリート中に生息する硫黄酸化細菌には,その生育が 10 mM ギ酸カルシウムにより阻害されるものと,50 mM ギ酸カルシウムでないと阻害されないものとがある.A と B とは違った下水処理施設の被腐食コンクリートから採取したもの.培養開始時の培養液の pH は 6 付近に調整してある.

生育が阻害されない場合もある (図 **2.13**).

これまで筆者らが調べた範囲では,50 mM ギ酸カルシウムを用いると,どの場合でも被腐食コンクリートから採取した硫黄酸化細菌の生育は完全に阻害された.

ギ酸カルシウムの阻害効果は,硫黄酸化細菌の生育を pH の低下

で測定しているからみられたのではなく，すでに，図 2.8 と図 2.9 に示したように，この阻害効果は，細菌の生育を細菌数の増加で見たときも，あるいはまた，ATP 量の変動で測定したときにもみられた．筆者らは，ギ酸塩の効果を調べるのに，コンクリートに混合する時のことを考えて，もっぱらカルシウム塩を用いたが，ナトリウム塩やアンモニウム塩でも阻害効果がみられる．ただ，被腐食コンクリートから採取した細菌に関しては，カルシウム塩のほうがナトリウム塩よりもより有効であった．理由はよくはわからない．

2.1.4　好酸性鉄酸化細菌

被腐食コンクリートの粉末を 9 K 培地 (p.50) に加えて 30°C で震盪すると，Fe^{3+} が増加してくるので，被腐食コンクリートの中には，好酸性鉄酸化細菌も生息していることがわかる (図 2.14)．

好酸性鉄酸化細菌である *Acidithiobacillus ferrooxidans* は，Fe^{2+} のほかに硫黄化合物も酸化するので，コンクリートの腐食に関与していると考えられる．好酸性鉄酸化細菌の中には，*Acidithiobacillus ferrooxidans* のほかに，*Leptospirillum ferrooxidans* があるが，この方は硫黄化合物を酸化しない．*Acidithiobacillus ferrooxidans* が桿菌であるのに対し，*Leptospirillum ferrooxidans* はらせん菌である．被腐食コンクリートから採取した好酸性鉄酸化細菌を 9 K 培地で培養して，十分 Fe^{3+} が生成した時点で，遠心分離により細菌を集め走査型電子顕微鏡で観察すると，この細菌は，図 2.15 に示したとおり桿菌であるので，*Acidithiobacillus ferrooxidans* である．

Acidithiobacillus ferrooxidans は硫黄化合物を酸化するから，この細菌は，コンクリートの腐食に関係していることは間違いないと

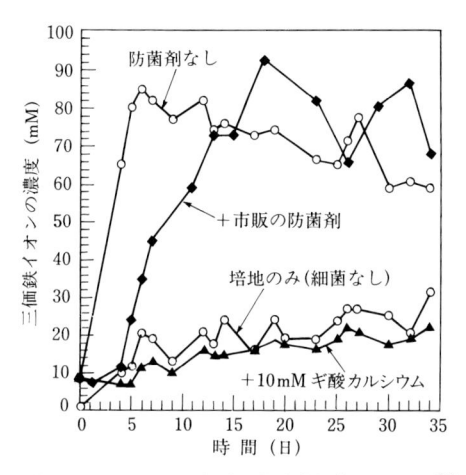

図 2.14 被腐食コンクリート中の好酸性鉄酸化細菌による Fe^{2+} の酸化 (被腐食コンクリートは埼玉県下の下水処理施設のもの)
［市販防菌剤としては，エヌエムビー社の RCF–95(終濃度, 0.1％) を用いた.］

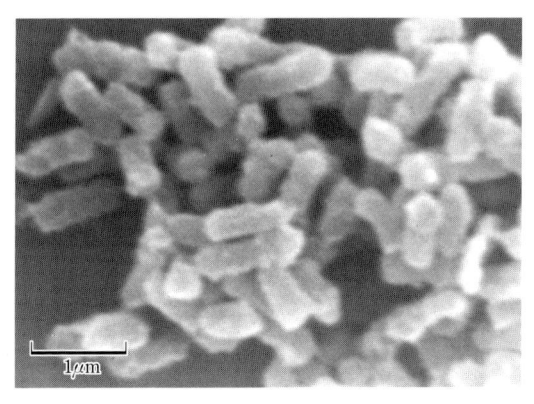

図 2.15 被腐食コンクリートから採取した好酸性鉄酸化細菌の走査型電子顕微鏡写真 (被腐食コンクリートは埼玉県下の下水処理施設のもの)
［バーの長さは 1μm.］

2.1 被腐食コンクリート中に生息する細菌の検索

考えられる．すなわち，硫化水素を添加した S6 培地 (pH を 2.0 に調整) でこの細菌を培養すると，硫酸が生じる．ただ，その硫酸生成が始まるのはかなり遅く，培養開始後 70 日くらい経ってからである (図 **2.16**)．しかし，この 70 日間に細菌は増殖しているのであるから，この細菌は何らかの反応でエネルギーを得ていると考えられる．種菌と一緒に鉄イオンが培養液中にもち込まれているので，始めのうち，この細菌は，Fe^{2+} を酸化して生育し，生じた Fe^{3+} は硫化水素で Fe^{2+} に還元されてこの細菌に供給される，という状態が続くであろう．やがて，硫化水素が Fe^{3+} で酸化されて生じた単体硫黄が蓄積してくると，この細菌による単体硫黄の酸化が起り，硫酸が生じるということかもしれない．

コンクリート中の鉄が硫化水素と反応して Fe^{2+} が生じるかどうかわからないが，もし Fe^{2+} が生じるとなると，細菌によるコンクリートの腐食は，主に硫黄酸化細菌によって起きるとも考えられる．しかし，硫黄酸化細菌が，活発に硫化水素を酸化する途中で単体硫黄が多量に共存するという環境では，*Acidithiobacillus ferrooxidans* も増殖の早い時期から硫酸を生ずることが考えられる．

図 **2.14** に示したように，被腐食コンクリートから採取した好酸性鉄酸化細菌の生育も，10 mM(0.13 %) 以上の濃度のギ酸カルシウムによって完全に阻害される．比較のため，ニッケルを主体とする市販防菌剤 (0.1 %) を用いたが，阻害効果はまったくなかった．コンクリートに混入する防菌剤として，多くの場合重金属を含むものが考案されているが，重金属は環境汚染のおそれがあるし，*Acidithiobacillus ferrooxidans* は，重金属イオンに対してかなり耐性があるので，この細菌がコンクリートの腐食に関与していることがわかった現在，銀

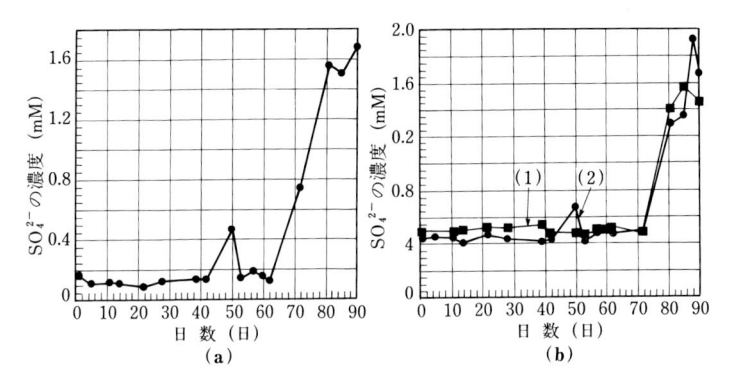

図 2.16 好酸性鉄酸化細菌による硫酸の生成
[硫化水素を添加して pH を 2.0 に調整した S 6 培地を坂口フラスコに入れ，これに好酸性鉄酸化細菌を加えて硫化水素が逃げないようにフラスコの口をパラフィルムで蓋をして，28°C で震盪培養した．そして，培養液の一定量を定期的に取り出し，その中の硫酸を定量した．
(a) *Acidithiobacillus ferrooxidans* JCM 7811
(b) 下水処理場から採取した好酸性鉄酸化細菌．(1), (2) は，それぞれ別の処理場から採取したもの]

など高価なものを使用する場合は別として，重金属を含む防菌剤はあまり有効でないといえそうである．しかしながら，*Acidithiobacillus ferrooxidans* は被腐食コンクリートの pH が 2 付近まで低下しないと被腐食コンクリート中にほとんど生息していない．したがって，硫黄酸化細菌の生育を阻害すれば *Acidithiobacillus ferrooxidans* による腐食も阻止することができるといえる．

2.2 細菌によるコンクリートの腐食メカニズム

2.2.1 コンクリート表面の腐食の様子

あまり硫化水素の濃度が高くない (20 ppm 程度) 下水処理施設で，15 年間ほど経過して腐食されたコンクリート製浄化槽の壁を，図 **2.17** に示したように，表面から 2.5 cm(I)，1.0 cm(II)，0.5 cm(III) になるよう 3 層を削り取り，残りの部分 (IV) も含めて，それらの pH と硫黄酸化細菌の活動量 (細菌数に比例していると考えた) を調べてみた．pH の測定は，細粉化した被腐食コンクリート 10 g を 100 ml の脱イオン水に懸濁した後得られた上澄みについて行った．細菌の活動量は，pH 測定用の懸濁液 20 ml を S6 培地 200 ml に加えて震盪培養して，培養液の pH の時間的変化を調べることにより測定した．結果は，**表 2.2** に示したとおりで，I，II 層は非常に酸性になっ

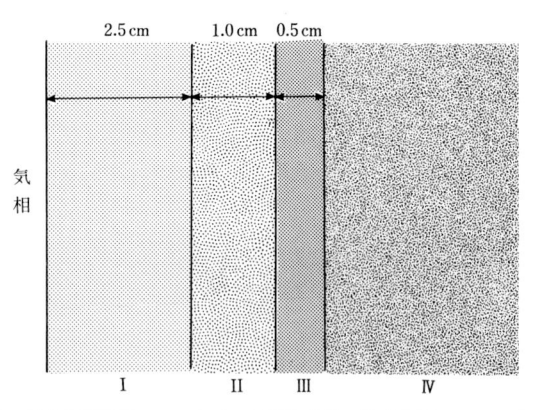

図 **2.17** 下水処理施設のコンクリート製浄化槽の被腐食層 I, II, III および腐食されていない層 (IV) を示す図

表 2.2 腐食されたコンクリートの各層の pH と細菌の活動量

腐食された層	pH	H^+ の濃度		細菌の活動量*
		mM	相対値	(相対値)
I	2.15	7.08	100	100
II	2.76	1.74	24.6	33
III	3.11	0.776	11.0	6.7
(IV)	12.0	10^{-12}	0.0	0.0

*：図 2.18 の 5 日目から 20 日目までの pH の低下値が細菌数に比例すると考え，これを細菌の活動量とした．

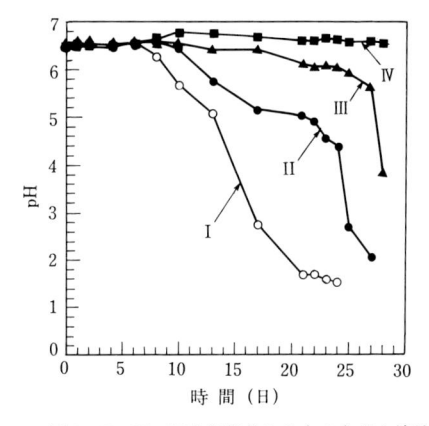

図 2.18 図 2.17 の層 I, II, III, IV を細粉化したものを S6 培地に加え震盪培養したときの培養液の pH の変化
[培養開始時の培養液の pH は 6.5 付近に調整してある．]

ており，III 層は少し酸性度が弱かった．IV 層は腐食されておらず，pH も 12 とアルカリ性であった．

表 2.2 の H^+ の濃度は pH から計算した値である☆．この懸濁液を S6 培地に加えて震盪培養し，毎日培養液の pH を測定して得られた**図 2.18** のグラフから，5 日目の pH 値と 20 日目の pH 値の差

> ☆ **pH と H$^+$ との関係**
>
> H$^+$ のモル濃度を [H$^+$] で表すと，
> $$\mathrm{pH} = -\log[\mathrm{H}^+]$$
>
> (注) 厳密には H$^+$ の活量，つまり，実効濃度だが，ここでは濃度とする．
> $$[\mathrm{H}^+] = 10^{-\mathrm{pH}}$$
>
> したがって，pH=2.15 の場合は，
> $$[\mathrm{H}^+] = 10^{-2.15} = \frac{1}{141.2537545} \fallingdotseq 7.08 \times 10^{-3}\,\mathrm{M} = 7.08\,\mathrm{mM}$$

を求め，この値が硫黄酸化細菌の活動量に比例するものとした．**表 2.2** においては，H$^+$ の濃度の相対値も細菌の活動量も，層 I に対する相対値として示してある．

表 2.2 と **図 2.18** からわかるように，各層の懸濁液の pH から計算したプロトン (H$^+$) の濃度と細菌の活動量は大雑把にいえば比例しており，各層に生息する細菌が生成した硫酸により，コンクリートが腐食されているように見える．しかし，表面から遠ざかるに従い，酸素濃度が低下して硫黄酸化細菌が活発に活動できないのではないか，と考えられる．実際，**表 2.2** で層 III の H$^+$ の濃度は，細菌の活動量よりかなり大であり，硫酸は，層 I，II から浸入していったが，細菌の浸入はそれに追いつかなかったようにも受け取れる．

そうすると，細菌による硫酸の生成は専ら表面に近い場所で行われ，硫酸とともに細菌も，奥の方へ侵入していったと考えたほうがよいのではないだろうか．そうであれば，防菌剤は比較的表面に近い部分にだけ存在しても有効であることになる．なお，上記の結果

から，硫化水素の濃度があまり高くない処理場では，15年間程度の腐食では表面下4cm以深の部分は腐食されていないといえる．しかし，次項で述べるように，コンクリートの腐食の速さは硫化水素の濃度に強く左右される．

2.2.2 テストピースの曝露実験

すでに述べたように，被腐食コンクリート中に生息する細菌の生育は，実験室的には50mM以上の濃度のギ酸カルシウムによって完全に阻害される．それでは，現場におけるテストピースの曝露実験でも，ギ酸カルシウムの効果はみられるであろうか．

重量比で2:6:1になるようにセメントと砂と水を混ぜて，$4 \times 4 \times 16$cmのテストピース(重量は566〜572g)をつくる．このとき，水の代りに，たとえば，1000mMおよび2000mMギ酸カルシウム溶液を使って，ギ酸カルシウムの防菌効果を見た．この濃度のギ酸カルシウムの場合，テストピース全体の中の濃度は，それぞれ，111mMおよび222mMになっていると予想される．

いま，このようなテストピースを，硫化水素の濃度が600ppm以上になることがあるような下水処理施設で，下水上部の空間にステンレス製の籠の中に入れて吊るしておく．ときどきテストピースの表面のpHをpH試験紙で測定してみると，2週間で4付近になり，4週間で0〜1くらいになっている．pH試験紙による測定では正確な結果は得られないかもしれないが，とにかく4週間も経てば，コンクリート表面のpHが非常に低下していることだけは確かである．8.5箇月経つと，テストピースの表面はぼろぼろになっており，スパチュラ(化学さじ)で簡単に掻き落すことができた．各テストピース

の表面を，それぞれ，1000 ml の脱イオン水中でスパチュラで掻き落し，各洗液の pH，ならびに，各テストピースの残った部分の乾燥後の重量を測定した結果は，**表 2.3** に示したとおりである．

表 2.3 硫化水素の濃度が 600 ppm になることがあるような下水処理施設で，8.5 箇月間曝露したモルタルテストピースの性状

モルタルを製作するとき水の代りに加えたギ酸カルシウムの濃度 (mM)	テストピース全体の中のギ酸カルシウムの濃度 (mM)	洗液の pH	重量 (g) 曝露前	洗浄後
0	0	2.42	572	47
1000	111	3.73	566	94
2000	222	4.41	570	149

ギ酸カルシウムを加えなかった場合，pH は 2.42 になっており，残りの部分の重量は 47 g であった．一方，1000 mM および 2000 mM ギ酸カルシウムを加えた場合は，pH が，それぞれ，3.73 および 4.41 になっており，また，残りの部分の重量も，94 g および 149 g であった．この結果からすると，ギ酸カルシウムの効果は，培養実験の場合ほど完全には現れないが，それでも，テストピースは，中に含まれるギ酸カルシウムの全体としての濃度が 222 mM あれば，ギ酸カルシウムを加えていない場合の約 3 倍長もちすることがわかる．
[ギ酸カルシウムを主成分とする防菌剤は，(株) フジタから "ノンバクター" という名称で販売されている．]

各洗液を S6 培地に加えて震盪培養してみると，ギ酸カルシウム無添加の場合は速やかに pH が低下し，1000 mM ギ酸カルシウム添加の場合はかなりおくれて pH が低下した．したがって，これらの場合，モルタルの被腐食部分に硫黄酸化細菌が生息していることが

わかる．2 000 mM ギ酸カルシウム添加の場合は，71 日間培養しても pH は低下しなかった．これは，テストピースの中のギ酸カルシウムの濃度が高いため，培養液中にも 4.6 mM ギ酸カルシウムが存在していて，細菌の生育を阻害しているからである．このことを考慮すると，1 000 mM ギ酸カルシウム添加の場合に pH の低下が遅れたのも，ギ酸カルシウムの影響がいくらか出ているためと考えられる．とにかく，上述のように，1 000 mM ギ酸カルシウムを添加した場合にも，腐食されたコンクリート中に，硫黄酸化細菌が生息していることは確かである．したがって，1 000 mM ギ酸カルシウムでテストピースの腐食がかなり抑制されたのは，テストピースにおける硫黄酸化細菌の生育 (あるいは細菌の活動) がかなり阻害された結果である．腐食されたテストピースからは，いずれの場合も，硫黄酸化細菌の他に好酸性鉄酸化細菌も検出された．もちろん，曝露以前のテストピースの表面には，硫黄酸化細菌も好酸性鉄酸化細菌も生息していなかった．断面修復材に使用するポリマーのエマルジョン (昭和電工建材製，ショウクイック III) を 5% 混入したモルタルは，水の代りに 200 mM ギ酸カルシウムを加えたものでも，6.4 箇月で 486 g が腐食されずに残っていた．ポリマーセメントモルタルの細菌腐食に対する耐性の研究は，まだ実験の途中で，最終的な結果を出すところまでは至っていないが，むしろ，強く腐食されたテストピースと，腐食の度合いの小さいテストピースを比較する意味で，その写真を紹介する (図 **2.19**)．ポリマーセメントモルタルは，細菌による腐食を受けにくいが，高価なため，今後は，加えるポリマーの量をできるだけ減らしてギ酸カルシウムの量を増していき，安価で防菌力の強いモルタルを開発することが望まれる．

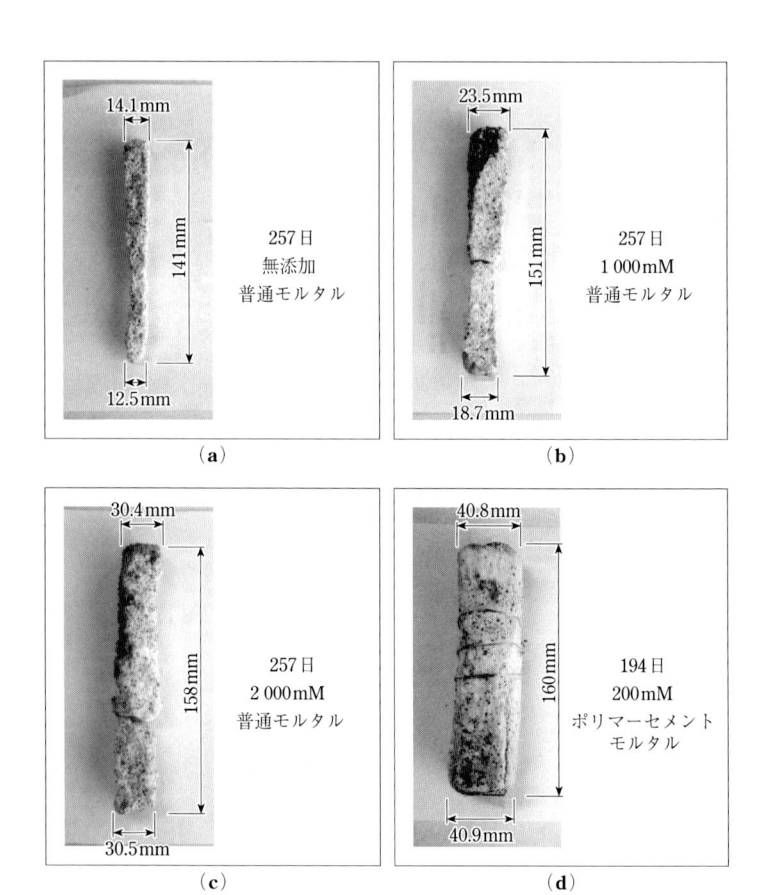

図 2.19 曝露試験後のモルタルテストピースの写真

[(a) ギ酸カルシウム無添加, (b) 水の代りに 1 000 mM ギ酸カルシウムを加えたもの, (c) 水の代りに 2 000 mM ギ酸カルシウムを加えたもの (以上 8.5 箇月間曝露), (d) 水の代りに 5 % ポリマーを含む 200 mM ギ酸カルシウムを加えたもの (6.4 箇月間曝露).] 〈牧 和郎氏 提供〉

このテストピースの曝露実験から，わかることがいくつかある．従来，コンクリートの細菌による腐食は，5～10年以上かかって起きる，と考えられていたが，この曝露実験では8.5箇月で85％以上の部分が腐食され，被腐食部分のpHは2.4という酸性になっていた．また，これまでは，新しいコンクリートの表面はpHが12～13というアルカリ性であるから，硫黄酸化細菌はそこでは増殖できないと考えられてきた．そして，コンクリートの表面が5～10年間空気に曝されて，二酸化炭素の作用で，そのpHが8くらいまで低下(中性化)して初めて硫黄酸化細菌が増殖し始める，と考えられてきた．もっとも，最近，pH10くらいのアルカリ性でも増殖する硫黄酸化細菌が見つかったので，中性化がそれほど進まなくても，硫黄酸化細菌が増殖し始めることは考えられる．しかし，上記の曝露試験の結果は，このような中性化の後に硫黄酸化細菌の増殖が始まるということでは，説明がつかない．

　硫化水素の濃度が600 ppmになるような施設では，湿度もかなり高い．そこで，テストピースの表面に硫化水素を溶かした結露ができ，表面を覆う皮膜水(結露水)となる．飽和硫化水素水のpHは2付近であるので，このようにしてできた皮膜水のpHも4～5になっていることが期待される．このためコンクリートの表面のpHが中性付近まで低下するかどうかはわからないが，硫黄酸化細菌は，皮膜水の中で硫化水素を酸化して硫酸をつくるであろう．仮に，皮膜水の厚みが0.1 mm(100 μm)であっても，長さ1～3 μmの細菌にとっては大きなプールにいるようなもので，コンクリート表面のpHは気にしなくてもよい．このようにして皮膜水の中で硫黄酸化細菌が硫化水素を酸化して，どんどん硫酸ができてくると，やがてコンク

リート表面のpHも低下していき，さらに，多くの硫黄酸化細菌が増殖して，コンクリートが腐食されると考えられる．もちろん，硫化水素の濃度が30 ppmというふうに低い施設では，腐食の進行ははるかに遅い．すなわち，こういう場所で300日間くらい曝露しても，テストピースの重量は，石膏が付着して若干増加するくらいである．しかし，テストピースの上表面のpHは50日くらいの曝露で8くらいまで低下する．したがって，多くの場合，一般に考えられているように，コンクリートの二酸化炭素との反応による中性化が起きて初めて硫黄酸化細菌の増殖が始まるのではなく，中性化が起きる前に硫黄酸化細菌の増殖が始まっている，と考えるべきである．

　上記の曝露実験においては，テストピースをステンレス製の籠に入れて吊り下げているだけで，水滴が飛んで来るわけではない．それなのに，テストピースは腐食され，腐食された部分には硫黄酸化細菌や好酸性鉄酸化細菌が生息しているのだから，これらの細菌が，テストピースの表面に飛来するとしか考えようがない．下水処理施設内の大気中には水のミストが充満しており，細菌は，ミストの微粒子に乗ってテストピースの表面へ到来するのであろう．

　腐食されたコンクリート(壁)の修復は，現在，被腐食部分をはつって除き，そこにエポキシ樹脂などの樹脂をある厚さに塗る場合が多い．樹脂を塗った場合，コンクリートとの間に隙間ができると，むしろ，水中にある部分の樹脂膜下のコンクリートが腐食されるという，奇妙な現象がみられる．これは，樹脂膜を塗るとき微量の空気が取り込まれており，あるいは，樹脂膜の中に空気の小泡が多数あり，はつったとき残っていた細菌が，その空気を使い硫化水素を酸化するためかもしれない．

第3章 宅地の盤膨れ

3.1 盤膨れの概要

たとえば,福島県いわき市の周辺では,床下の土(基盤)が不均等に膨れ上がり,柱が傾いたり壁板が割れたりする被害が起きている(図 **3.1**).これが宅地の盤膨れである.

盤膨れの被害は,ほとんどが,切土した(つまり未風化の)新生代新第三紀 ☆ (p.92) 堆積性軟岩類(主に泥岩)の上に直接建てた家にみられる.

また,この被害は,一戸建ての住宅だけでなく,工場の建物の床版下の地盤でも起きている(図 **3.2**).

この泥岩の物理的,力学的性質は土と岩との中間にあり,吸水率は 10〜50 % である.わが国の新第三紀泥岩には,かなり多量の二硫化鉄(パイライト,FeS_2)が含まれている.

盤膨れの起きるごく初期に,床下で硫化水素の臭いがすることが

図 3.1 床下の土が不均等に盛り上がり，(a) 柱が傾いたり (b) 壁板が割れたりする．(a) では束石の表面が崩壊しており床下の土は黄褐色になっている (後述)．〈陽田 秀道博士 提供〉

図 3.2 工場の床版が隆起し鉄製水槽を水平に維持するため架台を設けている様子.〈陽田 秀道博士 提供〉

図 3.3 盤膨れが起きた床下の土には石膏の結晶が析出している.〈陽田 秀道博士 提供〉

> ☆ 新生代新第三紀
>
> 　新生代新第三紀は，表に示すように，現在から170万年前〜2500万年前の地質時代区分．**表1.3**(p.34)も参照されたい．
>
> | 地質時代区分 | | 絶対年代
(単位：百万年前) |
> |---|---|---|
> | 新生代 | 第四紀 | (現　在)
1.7 |
> | | 新第三紀 | 25 |
> | | 古第三紀 | 65 |
> | 中生代 | 白亜紀 | 143 |
> | | ジュラ紀 | 212 |
> | | 三畳紀 | 247 |
> | 古生代 | 二畳紀 | 289 |
> | | 石炭紀 | 367 |
> | | デボン紀 | 416 |
> | | シルル紀 | 446 |
> | | オルドビス紀 | 509 |
> | | カンブリア紀 | 575 |
> | 先カンブリア時代 | | 4600 |

ある．もっとも，一戸建ての家屋の場合，硫化水素の臭いのすることはまれである．これは，被害が起きるころには，地盤の表面に近い部分の土は乾燥して通気性がよくなっているので，おそらく，硫化水素が地表に到達するまでに硫黄酸化細菌により酸化されてしまうためであろう．工場の床版下を広い範囲にわたって掘り起すと，硫化水素の臭いがする場合が多い．

　一戸建ての家屋に盤膨れの被害が発生する場合，まず戸，障子の

開け閉めの自由がきかなくなる場合が多い．やがて，床下地盤に亀裂が生じ，地盤の色は建築当時の濃灰色から黄褐色に変化して乾燥する．新鮮な (つまり未風化の) 泥岩の切土面の pH は 7～8 であるが，地盤の色が黄褐色になってくると，地表面の pH は 5.3～5.4 になり，さらに 3 付近まで低下する．やがて亀裂は消失し，地表には石膏の白色結晶が晶出してくる (**図 3.3**)．

このころになると，束石のコンクリートブロックの上部コーナーが崩壊して，粉が地面に落ちている [前出，**図 3.1**(a)]．床下のあちこちに石膏の結晶が見られたり，土表面全体が褐色になってくると，床下の地盤が不均等に隆起する．現在までに，最高 48 cm の膨れ上がりが観察されている．新第三紀層の未風化泥岩を地盤とする場所に家屋や工場の建物を新築すると，速い場合は 2～6 箇月後に，遅い場合は 10 年以上経過して被害が発生する．

いったいどのような原因で，この盤膨れが起きるであろうか．当初は，地下水位が高いからこのようなことが起きる，と考えられたこともあったが，むしろ，地下水位を上げてやると盤膨れが起きにくくなることがわかってきた．さらに，盛土の上に建てた家は被害を受ける割合が小さいし，切土を一度掘削粉砕して再度土を押し広げておくと (オーバーカッティング工法)，被害が少ないこともわかってきた．

国内の他の場所や外国でも，似たような現象が観察されている．たとえば，福岡市郊外のぼた で埋め立て造成した宅地で，建物の基礎コンクリートの硫酸による破壊が見られた．また，宮崎県下の，新第三紀層を切土して造成した団地では，地盤が膨れ上がったことが報告されている．しかし，これらの現象の原因は必ずしも明らかに

> ☆ 頁岩
>
> 堆積岩の一種で,薄板状にはげやすい性質(剥離性)をもった泥質岩.頁岩は構成物質の粒子の大きさからすると,泥岩,つまり粘土(構成粒子の粒径が4μm以下)が固化してできた岩石に属するが,泥岩は剥離性を欠く.

されていない.

外国でも,カナダ,アメリカ,イギリスで似たような盤膨れが報告されている.これらの外国の被害の場合は,新第三紀層上に建った建物ではなく,カナダではオルドビス紀頁岩☆上およびカンブリア紀頁岩上,アメリカでは石炭紀石炭上と頁岩上,イギリスでは三畳紀頁岩上に建った建物である.イギリスの場合は病院の建物,カナダの場合はヘルスセンターというふうに,かなり大規模な建築物で被害が発生しているが,いずれも,建築中央部で1階の床が押し上げられているだけでなく,2階の床まで押し上げられている.この被害の原因は,細菌が関与したパイライト(FeS_2)の酸化であるらしいことが指摘されているが,それ以上のくわしいことはわかっていない.

いわき市の場合も,1995年になって,盤膨れの起きる場所の地下32.5〜55.5cmの土中に,好酸性鉄酸化細菌が生息していることが見出された.しかし,好酸性鉄酸化細菌が硫黄化合物を酸化して硫酸をつくり,土のpHが低下することはわかるとしても,この細菌はpH2付近の酸性でないと活動しないので,盤膨れの起きる地域の地盤のpHが7〜8では硫黄化合物を酸化しない.また,盤膨れの

初期に硫化水素の臭いがするということは，この細菌が生息しているということだけからでは理解できない．そこで，もっとほかの細菌もいるのではないか，というわけで，筆者らはほかの細菌も探してみた．

3.2 細菌の検索

3.2.1 硫酸還元菌

まず，盤膨れの起きる地域では，盤膨れの初期に硫化水素の臭いのすることがあるので，そのような場所には硫酸還元菌が生息している可能性がある．そこで，盤膨れが起きる地域で，盤膨れがまだ起きていない場所の，表面からの深さ 20～70 cm の数箇所の泥岩 10 g ずつを取り，そのおのおのを，それぞれ別々の硫酸還元菌用培地 (p.25) 200 ml に入れて，0.2 g 硫化ナトリウムを無菌的に加え，pH を 7.2 に調整して，マグネチックスターラーで撹拌しながら嫌気的に 37°C で培養し，毎日 1.0 ml の培養液を取り出し硫化水素の量を測定した．システインシンターゼの作用で硫化水素を O–アセチル–L–セリンと反応させて L–システインをつくり (p.27)，これをニンヒドリン反応 (p.26) で発色させて，570 nm の吸光度の増加で，硫化水素を定量した．その一つの結果を，図 3.4 に示した．対照実験は，土を 121°C で 20 分間処理したものを用いた．対照は 9 日まで硫化水素が増加したが，やがて，その増加はほとんど止まった．これに対して熱処理しない土を用いた実験では 21 日間硫化水素が増加し続けた．

また，21 日間培養後，培養液を遠心分離して，その沈殿部分を走査型電子顕微鏡で観察すると，図 3.5 のような細菌の存在が確認された．このようにして，盤膨れの起きる地域の土の中には，硫酸還元菌が生息することがわかった．

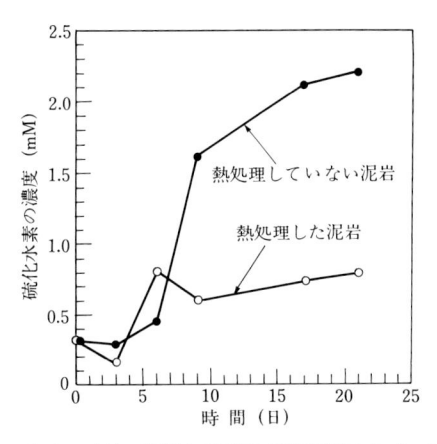

図 3.4 盤膨れの起きる地域の泥岩を硫酸還元菌用培地に加え，37°C で嫌気的にインキュベートしたときの硫化水素の生成

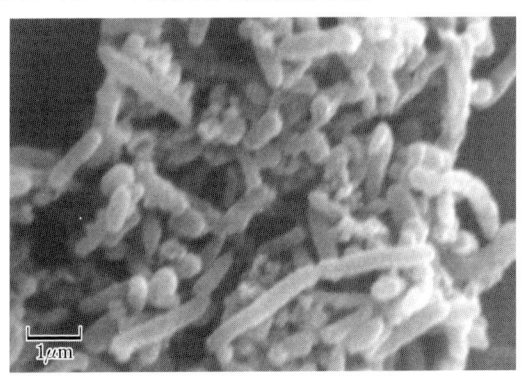

図 3.5 盤膨れの起きる地域の泥岩を硫酸還元菌用の培地に加えて 21 日間インキュベートした後，培養液を遠心分離して得た沈殿の走査型電子顕微鏡写真［バーの長さは 1 μm.］

3.2.2 硫黄酸化細菌

つぎに，盤膨れの起きる地域の泥岩 10 g を 0.2％硫化ナトリウムを加えた *Starkeya novella* 用無機培地 (p.38) 200 ml に入れて，28°C

3.2 細菌の検索

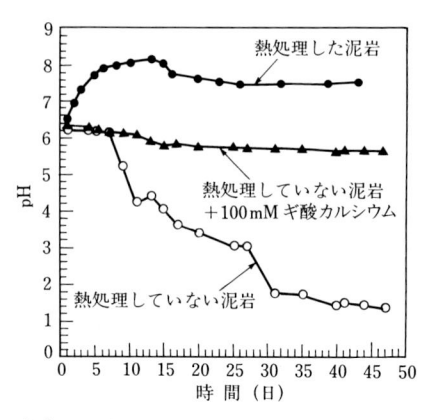

図 3.6 盤膨れの起きる場所の泥岩を *Starkeya novella* 用無機培地に加え 28°C で震盪培養したときの pH の低下

で 100 回/分 の速さで震盪培養した．毎日培養液 1.0 ml を抜き取り pH を測定したところ，5 日ごろから pH の低下が始まり，48 日目には，1.3 まで下がった (図 3.6)．熱処理した土を用いた対照実験では，10 日後には pH が 8 付近まで上昇し，15 日ごろから少し下がって，48 日目には 7.5 付近に落ち着いた．このようにして，盤膨れの起きる場所の土の中には，硫黄酸化細菌が生息していることがわかった．なお，100 mM ギ酸カルシウムを加えておくと，熱処理していない泥岩の場合も，pH の低下は完全に阻害された．

3.2.3 好酸性鉄酸化細菌

盤膨れの起きる場所の泥岩 10 g を 200 ml の 9 K 培地 (pH2.0)(p.50) に加えて，28°C で 100 回/分 の速さで震盪培養した．そして，2 日ないしは 3 日ごとに，培養液 1.0 ml を抜き取り，その中の Fe^{3+} の

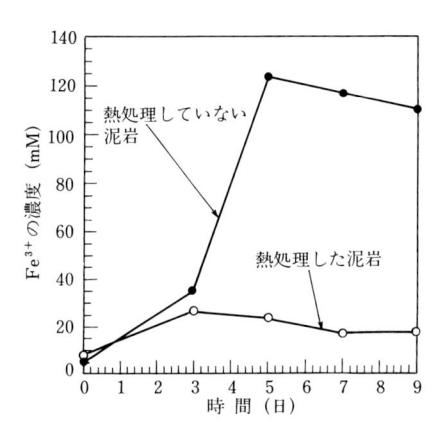

図 3.7 盤膨れの起きる地域の泥岩を 9 K 培地に加えて 28°C で震盪培養したときの Fe^{3+} の増加

濃度をロダン塩法☆で定量した．Fe^{3+} の濃度は，3 日目を過ぎると急に増加した (**図 3.7**)．熱処理をした土を用いた対照実験では，熱

☆ ロダン塩法と o–フェナントロリン法

Fe^{3+} 溶液に pH 2.0 で KSCN(チオシアン酸カリウム，ロダンカリ) を加えて生じる赤色のチオシアン酸鉄 (III) の濃度を 460 nm における吸光度で測定して，Fe^{3+} を定量することができる (ロダン塩法)．また，Fe^{2+}+Fe^{3+} 溶液に pH 2.0 でヒドロキシルアミンを加えた後，o–フェナントロリン (1,10–フェナントロリン) を加えて 10 分間放置すると赤色を呈するので，500 nm の吸光度を測定することにより，鉄イオンの全量を知ることができる (o–フェナントロリン法)．

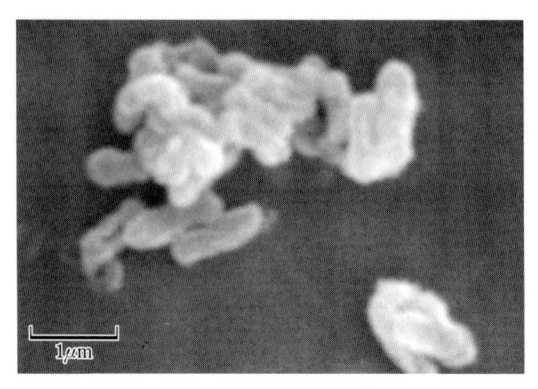

図 3.8 盤膨れの起きる地域の泥岩を 9 K 培地に加え，28°C で 9 日間培養後，培養液を遠心分離して得た沈殿の走査型電子顕微鏡写真
[バーの長さは 1 μm.]

処理しなかったものの，1/6 しか Fe^{3+} が生じなかった．9 日間培養したところで遠心分離で細菌を集め，走査型電子顕微鏡で観察すると，図 3.8 に示したように確かに，細菌がいることがわかった．

3.2.4 好酸性鉄酸化細菌によるパイライトの酸化

9 K 培地 (pH 2.0) の Fe^{2+} の代りに細粉化したパイライト (FeS_2) 5 g を加えたもの 200 ml に 10 g の泥岩を加え，pH 2.0 で震盪培養し，o-フェナントロリン法で Fe^{2+} と Fe^{3+} の濃度の増加を調べた (o-フェナントロリン法 ☆ (p.99) では，Fe^{3+} も Fe^{2+} に還元して定量するので，鉄イオンは，$Fe^{2+} + Fe^{3+}$ の濃度を測定することになる)．パイライトが好酸性鉄酸化細菌の作用で酸化されると，式 (3.1) に示したとおり，まず主に Fe^{2+} が生じるが，この細菌は，Fe^{2+} を Fe^{3+} に酸化するので，Fe^{2+} と同時に Fe^{3+} も生じ，やがて Fe^{3+} の方が多くなっていく．というわけで，好酸性鉄酸化細菌の作用による FeS_2

の酸化を測定するためには，遊離してくる Fe^{2+} と Fe^{3+} の両方を定量する必要がある．

$$2\underset{\text{パイライト}}{FeS_2} + 7O_2 + 2H_2O \longrightarrow 2Fe^{2+} + 4\underset{\text{硫酸イオン}}{SO_4^{2-}} + 4H^+ \tag{3.1}$$

$$4Fe^{2+} + 4H^+ + O_2 \longrightarrow 4Fe^{3+} + 2H_2O \tag{3.2}$$

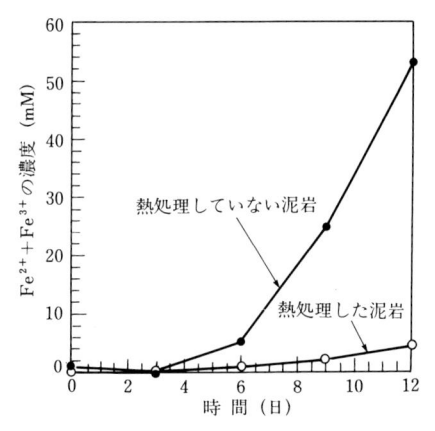

図 3.9 硫酸第一鉄 (FeSO$_4$) の代りにパイライトを加えた 9 K 培地に泥岩を加えて 28°C で震盪培養したときの $Fe^{2+} + Fe^{3+}$ の増加

図 3.9 に示したとおり，泥岩によるパイライトの酸化反応においては，培養 3 日あたりから $Fe^{2+} + Fe^{3+}$ の濃度が急激に増加した．一方，泥岩を 121°C，20 分処理した対照においては $Fe^{2+} + Fe^{3+}$ の濃度の増加はほとんどみられなかった．さらに，普通の硫黄酸化細菌である *Thiobacillus neapolitanus* を pH 3.0 でパイライトに作用させても，パイライトは酸化されない．パイライトは，好酸性鉄酸化細菌が存在しないと酸化されないのである．

3.3 盤膨れと細菌の関係

3.3.1 2種類の細菌の協調作用によるパイライトの酸化

3.2.4 では，pH 2.0 から出発して，好酸性鉄酸化細菌がパイライトを酸化することを述べたが，中性付近から出発しても，ある条件下にこの細菌がパイライトを酸化するであろうか．0.5％硫化ナトリウムを添加した *Starkeya novella* 用無機培地 (200 ml) に細粉化したパイライト 5.0 g を加え，それに泥岩 10 g を加えて，28°C で 100 回/分 の速さで震盪した．そして，毎日培養液 1.0 ml を取り出して，pH および $Fe^{2+} + Fe^{3+}$ の濃度を測定した．また，同時に硫酸イオンの定量☆もした．図 **3.10** に示したように，培養液の pH が

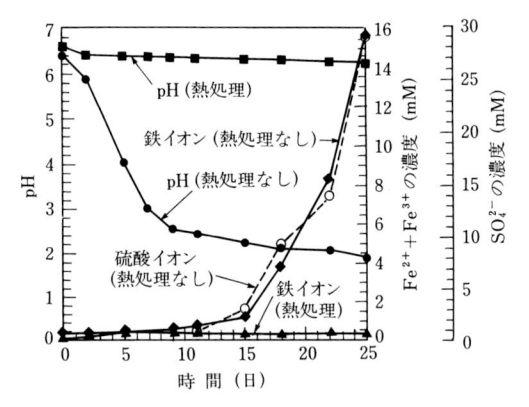

図 **3.10** 0.5％硫化ナトリウムを添加した *Starkeya novella* 用無機培地 (pH 6.5) に細粉化したパイライトを加え，それに泥岩を加えて 28°C で震盪培養したときの pH，$Fe^{2+} + Fe^{3+}$ の濃度，および硫酸イオン (SO_4^{2-}) の濃度の変化
［熱処理：121°C，20 分間］

☆ 硫酸の定量

　硫酸は，クロム酸法で定量する．試料に過剰のクロム酸バリウムを加え，硫酸を硫酸バリウムとして沈殿させる．遠心分離で硫酸バリウムを除き，得られた上澄みに，塩化アンモニウムを含むアンモニア水とエタノールを加えて，残っているクロム酸バリウムを沈殿させ，上澄みの370 nmの吸光度の測定によりクロム酸イオンの量を測定し，これにより硫酸イオンを定量する．

$$\underset{\text{硫酸イオン}}{SO_4^{2-}} + \underset{\text{クロム酸バリウム}}{BaCrO_4} \longrightarrow \underset{\text{硫酸バリウム}}{BaSO_4} + \underset{\text{クロム酸イオン}}{CrO_4^{2-}}$$

硫黄酸化細菌の作用で4付近まで低下すると，$Fe^{2+} + Fe^{3+}$ の濃度が増加し始め，pH 2.5くらいまで低下すると，急激に $Fe^{2+} + Fe^{3+}$ の濃度が増加した．また，これと平行して，硫酸イオンの濃度が増加した．硫酸イオンは，モル濃度において鉄イオンの2倍量生じており，これはp.101の反応式が正しいことを示している．これらの実験において，泥岩を121°C，20分間処理した場合はpHの低下も起きないし，$Fe^{2+} + Fe^{3+}$ の濃度の増加も起きない．以上の結果は，普通の硫黄酸化細菌はパイライトを酸化しないこと，および，好酸性鉄酸化細菌は，pHが4以下にならないとパイライトを酸化しないことを示している[注1]．パイライトは，酸素と水が存在すると容易に酸化されて硫酸を生じるように考えている人がいるが，上記の結

[注1] 泥岩中には普通の硫黄酸化細菌が存在し，これは，pH 6でチオ硫酸ナトリウムや硫化ナトリウムを酸化する (図 **3.6**) のに，図 **3.10** においては，pH 4以上では鉄イオンの濃度の増加はみられないということに注意．

3.3　盤膨れと細菌の関係

果は，たとえ酸素と水とがあっても，またさらに，普通の硫黄酸化細菌が存在しても，数十日間でパイライトが酸化されることはないことを示している．

3.3.2 盤膨れのメカニズム

3.3.1 の実験結果を踏まえて，宅地の盤膨れは，以下のようなメカニズムにより起きると考えられる．

盤膨れの起きる地域の泥岩は 6～7％の有機物を含み，含水量 52～53％で，5％のパイライトを含んでいる．宅地造成をする前には，硫酸還元菌の生息している場所は地表から 5～10 m の深さのところにあり，年間の温度は 17～18.7°C に保たれている．

この場所が，切土による造成で地表近くになり，さらに家が建つと，床下であることも手伝って，その温度は夏場で 25°C をこえることもある．造成後まもないころは，泥岩中の含水量が高いため，床下の土の環境は嫌気的になっており，また，有機物が多いこともあって，温度の上昇により泥岩中の硫酸還元菌が活動し，土中の硫酸塩を還元して硫化水素を生ずる．盤膨れが始まる前に床下で硫化水素の臭いがすることがあるのは，このためである．家が建って床下の土が乾燥してくると，土中は好気的になり，硫黄酸化細菌が硫化水素を酸化して硫酸をつくる．これにより，土の環境はしだいに酸性になる．土の pH が 4 付近になると好酸性鉄酸化細菌が活動を始め，さらに，pH が低下すると，活発にパイライトを酸化して，多量の硫酸を生ずる．生じた硫酸が土中の炭酸カルシウムと反応して石膏 ($CaSO_4 \cdot 2H_2O$) の結晶が生じるが，このとき，二酸化炭素も生じる．また，パイライトが酸化されて生じた Fe^{2+} は，やがて Fe^{3+}

```
                     温度が25℃           土が乾燥して通気性
                     まで上昇             がよくなる
                       ↓                    ↓
              硫酸還元菌              硫黄酸化細菌
       SO₄²⁻ ─────────────→  H₂S ─────────────→ H₂SO₄
              (嫌気的, 有機物)         (好気的)
                                                        │
                                                        │ pHが4以下
                                                        │ になる
                                                        ↓
    ┌─────────────────────────────────────────┐     好酸性鉄酸化細菌
    │  CaSO₄·2H₂O   CaCO₃                     │  ←──────────────── FeS₂
    │  石膏        ↖                           │     (酸性, 好気的)
    │              2H⁺+SO₄²⁻+Fe³⁺              │
    │  KFe₃(SO₄)₂(OH)₆ ↙ K⁺                   │
    │  ジャロサイト                             │
    └─────────────────────────────────────────┘
                   土の体積が増加する
```

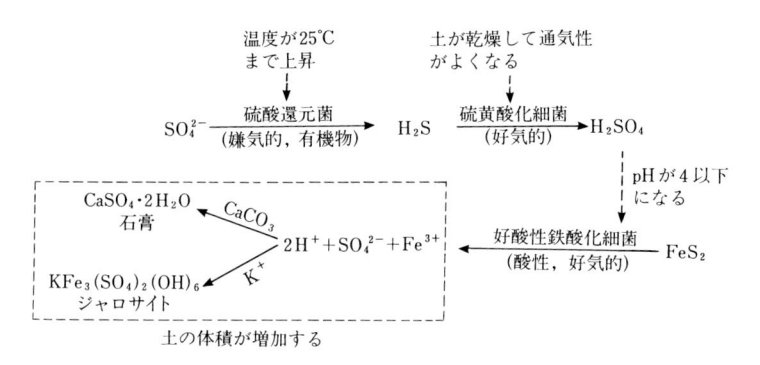

図 3.11 盤膨れの起きる過程を示す原理図
　　　　〔山中健生：化学と生物, 38 巻, pp.330～333(2000)〕

に酸化され，硫酸および周囲にある K^+ と反応して，褐色のジャロサイト [$KFe_3(SO_4)_2(OH)_6$] の結晶が生じる．石膏の結晶やジャロサイトの結晶が生じると，土の体積が増加して盤膨れが起きるというわけである．これらの過程を示す原理図を，**図 3.11** に示した．

　以上のような過程で盤膨れが起きることが明らかになったので，これによる被害を防ぐ対策が考えられるようになった．建物が建った後，地下水位を下げないほうが，硫黄酸化細菌の活動を抑制するので盤膨れの被害が生じない．これに関連して，被害の発生がわかったときの応急処置として，床下に注水・散水することにより，一時的に盤膨れを抑制できる．また，建物を建てる前に，泥岩を掘削粉砕した後押し広げておく(オーバーカッティング工法)と通気がよくなり，硫酸還元菌が活動しなくなる．同様の原理で，基盤の土を有機物の含有量の少ない土，あるいは，パイライトの少ない土(もちろん，両方を満たしておればなおよい)で置き換えておくと，硫酸還元菌の活動や好酸性鉄酸化細菌の活動による硫酸の生成を抑制する

ことができる．

　あるいは，硫黄酸化細菌，および，好酸性鉄酸化細菌の活動を阻止するため，空気の侵入を遮断する遮水用ゴムシートなどを敷き，その上に，押さえのコンクリートを 10 cm 程度の厚さに打設すると，硫黄酸化細菌による硫化水素の酸化が抑制され，ひいては，好酸性鉄酸化細菌によるパイライトの酸化が抑制される．コンクリートの腐食のところで述べたように，硫黄酸化細菌と好酸性鉄酸化細菌の活動を抑制するため，土にギ酸カルシウムを混合することも考えられるが，まだ実施されていない．

　以上のような細菌による盤膨れの被害は，家屋や工場の建物にとどまらず，道路のわきの斜面の工事箇所などでもみられる．切土法面にコンクリート法枠工を施行した場合，切土面で細菌が増殖して，コンクリートが破壊される場合もある．以前から，熱帯地方では，湿地に建てた石像が根本から破壊されて倒れるという"石の病気"が知られていたが，これも，硫酸還元菌と硫黄酸化細菌の協調作用の結果起きたものである．とにかく，硫化水素が発生する場所では，地盤の盤膨れやコンクリートの破壊が起りうる，ということを知るべきである．

参 考 文 献

(1) American Type Culture Collection Catalogue of Strain I (15 edition) (1982) Rockville, USA, p.614.

(2) Ault,WU & Kulp,JL(1959) Isotopic geochemistry of sulphur. Geochim Cosmochim Acta 16:201–235.

(3) Bérubé,A-M Locat.J, Gelinas,P, Chagnon,JY & Lefrancois,P (1986) Black shale heaving at Saint Foy, Quebec, Canada. Can J Earth Sci 23:1774–1781.

(4) Chaudhuri,SK, Lack,JG & Coates,JD (2001) Biogenic magnetite formation through anaerobic biooxidation of Fe(II). Appl Environ Microbiol 67: 2844–2848.

(5) Childers,SE & Lovley,DR (2001) Differences in Fe(III) reduction in the hyperthermophilic archaeon, *Pyrobaculum islandicum*, versus mesophilic Fe(III)-reducing bacteria. FEMS Microbiol Lett 195: 253–258.

(6) Childress,JJ, Felbeck,H & Somero,GN (1987) Symbiosis in the deep sea. Sci Am 256: 106–112.

(7) Claasen,R, Logan,CT & Snyman,CP (1993) Biooxidation of refractory gold bearing arsenopyritic ores. In: Biohydrometallurgical Technologies vol I (Torma AE, Wey JE & Lakshmanan VI, eds) Minerals, Metals & Materials Society, Warrendale, Pennsylvania, pp. 479–488.

(8) Dougherty,MT &Barsotti,NJ (1972) Structural damage and

potentially expansive sulfide minerals. Bull Assoc Engin Geol 9: 105–125.

(9) Hawkins,AB&Pinches,GM (1987) Cause and significance of heave at Llandough Hospital, Cardiff–a case history of ground floor heave due to gypsum growth. Quart J Engin Geol 20: 41–57.

(10) 井上千弘, 竹島聰之, 松本直樹 (1995) バクテリアリーチングを利用した含金硫化鉄精鉱からの金の回収. 資源・素材'95(するが) 平成7年度資源・素材関係学協会合同秋季大会企画発表(分科研究会)資料. 資源開発への微生物の利用, pp.15–18.

(11) 石川洋平 (1995) 黒鉱—世界に誇る日本的資源を求めて, 共立出版.

(12) Jannasch,HW, Nelson,DC & Wirsen,CO (1989) Massive natural occurrence of unusually large bacteria (*Beggiatoa* sp.) at a hydrothermal deep-sea vent site. Nature 342: 834–836.

(13) Kashefi,K, Tor,JM, Nevin,KP & Lovley,DR (2001) Reductive precipitation of gold by dissimilatory Fe(III)-reducing *Bacteria* and *Archaea* . Appl Environ Microbiol 67: 3275–3279.

(14) 栗原靖夫 (1999) コンクリートを腐食からガードする抗菌コンクリートの開発. セメント・コンクリート No. 633, 44–49.

(15) Maeda,T, Negisi,A, Komoto,H, Oshima,Y, Kamimura,K & Sugio,T (1999) Isolation of iron-oxidizing bacteria from corroded concrete of sewage treatment plants. J. Biosci

Bioeng 88:300–305.

(16) Marmur,J & Doty,PC (1962) Determination of base composition of deoxyribonucleic acid from its thermal denaturation temperature. J Mol Biol 5: 109–118.

(17) Mori,T, Nonaka,T, Tazaki,K, Koga,M, Hikosaka,Y & Noda,S (1992) Interactions of nutrients, moisture and pH on microbial corrosion on concrete sewer pipes. Wat Res 26: 29–37.

(18) 落合英俊, 松下博通, 林 重徳 (1986) 硫酸イオンを含む地盤における住宅基礎. 土と基礎. 34: 45–47.

(19) 大山隆弘, 千木良雅弘, 大村直也, 渡部良朋 (1998) 泥岩の化学的風化による住宅基礎の盤膨れ. 応用地質 39, 261–272.

(20) Parker,CD (1945) The corrosion of concrete I. The isolation of a species of bacterium associated with the corrosion of concrete exposed to atmospheres containing hydrogen sulfide. Ausst J Exp Biol Med Sci 23: 81–90.

(21) Postgate,JR (1979) The sulphate-reducing bacteria . Cambridge University Press, Cambridge.

(22) Quigley,RM & Vogan,RW (1970) Black shale heaving at Ottawa, Canada. Can Geotech J 7: 106–115.

(23) Santer,M, Boyer,J & Santer,U (1959) *Thiobacillus novellus* 1. Growth on organic and inorganic media. J Bacteriol 78: 197–202.

(24) Silverman,MP & Lundgren,DG (1964) Studies on the chemoautotrophic iron bacterium *Ferrobacillus ferrooxidans* 1.

An improved medium and harvesting procedure for securing high cell yields. J Bacteriol 77: 642–647.

(25) Stetter,KO (1994) The lesson of archaebacteria. In: Early Life on Earth (Bengtson,S, ed) Nobel Symposium No 84, Columbia University, New York, pp. 143–151.

(26) 高谷精二 (1983) 束石崩壊の発生した地域に見られる塩類集積現象について. 土と基礎 1: 101–104.

(27) Thode,HG (1980) Sulphur isotope ratios in late and early precambrian sediments and their implications regarding early environments and early life. Origins of Life 10: 127–136.

(28) Tomizuka,N & Takahara,Y (1972) Bacterial leaching of uranium from Ningyo-Toge ores. In: Fermentation Technology Today (Proceedings of the IVth International Fermentation Symposium) Society of Fermentation Technology, Japan, pp. 513–520.

(29) 山中健生 (1992) 入門生物地球化学, 学会出版センター.

(30) 山中健生 (1999) 改訂 微生物のエネルギー代謝, 学会出版センター.

(31) 山中健生 (1999) 独立栄養細菌の生化学, アイピーシー.

(32) 山中健生 (2000) コンクリートを喰い宅地を荒すバクテリア. 化学と生物, 38: 330–333.

(33) 山中健生 (2001) 微生物学への誘い, 培風館.

(34) 山中健生 (2003) 環境に関わる微生物学入門, 講談社.

(35) 山中健生, 阿曽 巖, 富樫俊介, 宮坂秀一, 小川淳子, 佐藤岳洋,

田中尚子, 飯野絵理子, 井上誉士, 大山展孝, 尾崎めぐみ, 中村春幸, 神庭朋裕, 原 郁子, 藤平裕子, 谷川 実, 庄子和夫, 渡部嗣道, 渡辺直樹, 青木治雄, 牧 和郎, 鈴木 宏 (2000) 日本大学理工学研究所所報 89: 485–493.

(36) Yamanaka,T, Aso,I, Togashi,S, Tanigawa,M, Shoji,K, Watanabe,T, Watanabe,N, Maki,K &Suzuki,H (2002) Corrosion by bacteria of concrete in sewerage systems and inhibitory effects of formates on their growth. Wat Res 36: 2638–2642.

(37) 山中健生, 宮坂秀一, 庄子和夫, 陽田秀道 (1997) 微生物が地盤の隆起の原因になっていることを探る実験的研究. 鉱物学雑誌 26: 77–80.

(38) Yamanaka,T, Miyasaka,H, Aso,I, Tanigawa,M, Shoji,K & Yohta,H (2002) Involvement of sulfur- and iron-transforming bacteria in heaving of house foundations. Geomicrobiol J 19:519–528.

(39) 陽田秀道 (1995) 泥岩の微生物及び化学的風化による地盤の隆起とその被害について. 第 40 回地盤工学シンポジウム, pp. 99–104.

(40) 陽田秀道 (1999) 新第三紀堆積性軟岩の生化学的風化による盤膨れの研究. 日本大学理工学部学位論文.

索　引

【A–Z】

A；アデニン ⇒
　5′-デオキシアデニル酸
Acidithiobacillus acidophilus
　37, 72
Acidithiobacillus ferrooxidans
　37, 50, 51, 54, 55, 56, 57, 58,
　59, 60, 73, 74, 76, 78, 79
　——の Fe^{2+} 酸化メカニズム
　52
　——の重金属耐性　53
Acidithiobacillus thiooxidans
　22, 37, 39, 70, 71, 72, 73
　——DNA　23
ADP ⇒ アデノシン-5′-二リン酸
Ag ⇒ 銀
AMP ⇒ 5′-アデニル酸
APS ⇒ アデノシン-5′-ホスホ硫酸
ATP ⇒ アデノシン-5′-三リン酸
　——の生合成のしかた　3
ATP アーゼ　1, 2
ATP アナライザー　39, 41
ATP 含量　39, 42, 68, 69, 70
ATP 合成酵素　10, 27, 31
Au ⇒ 金

Beggiatoa 属　46
Beggiatoa alba　37

C；シトシン ⇒
　5′-デオキシシチジル酸
$CaSO_4 \cdot 2H_2O$ ⇒ 石膏
CH_4 ⇒ メタン
CN^- ⇒ シアン化イオン
CO_2 ⇒ 二酸化炭素
CoASH ⇒ コエンザイム A
Cu ⇒ 銅
$CuFeS_2$ ⇒ 黄銅鉱
$CuSO_4$ ⇒ 硫酸銅

Desulfobacterium autotrophicum
　24
Desulfotomaculum 属　4, 24
Desulfotomaculum geothermicum
　24
Desulfovibrio 属　4, 5, 24, 28
Desulfovibrio gigas　30
Desulfovibrio simplex　24, 30
Desulfovibrio vulgaris　24, 25,
　29, 31
DNA ⇒ デオキシリボ核酸

Fe^{2+} ⇒ 二価鉄イオン
Fe^{3+} ⇒ 三価鉄イオン
Fe_2S_2 ⇒ Fe/S クラスター
Fe_4S_4 ⇒ Fe/S クラスター
$Fe_2(SO_4)_3$ ⇒ 硫酸第二鉄
$FeCl_3$ ⇒ 塩化第二鉄
FeS_2（パイライト）⇒ 二硫化鉄

FeSO₄ ⇒ 硫酸第一鉄
Fe/S クラスター ([Fe₄S₄][Fe₂S₂])
　17, 30, 51

G；グアニン ⇒
　5′-デオキシグアニル酸
GC 含量 (DNA の)　*18, 20, 22,*
　23, 70, 71, 72
GSH ⇒ 還元型グルタチオン
GSSG ⇒ 酸化型グルタチオン

H⁺ ⇒ 水素イオン, プロトン
H₂ ⇒ 水素ガス
H₂S ⇒ 硫化水素
H₂S₂O₃ ⇒ チオ硫酸
H₂S₄O₆ ⇒ テトラチオン酸
H₂SO₃ ⇒ 亜硫酸
H₂SO₄ ⇒ 硫酸
HNO₂ ⇒ 亜硝酸

KSCN(ロダンカリ) ⇒
　チオシアン酸カリウム

Leptospirillum ferrooxidans　*76*

N₂ ⇒ 窒素ガス
Na₂S ⇒ 硫化ナトリウム
NaCN(青酸ソーダ) ⇒
　シアン化ナトリウム
NAD　*8*
NADP　*8*
NAD(P)H　*11, 13*
NH₂OH ⇒ ヒドロキシルアミン
NH₃ ⇒ アンモニア

NO₂⁻ ⇒ 亜硝酸イオン
NO₃⁻ ⇒ 硝酸イオン

O₂ ⇒ 酸素

Paracoccus vertusus　*37, 72*
pH(被腐食コンクリートの)　*63,*
　80, 81, 82, 83, 84, 87
pH の低下と生菌数 (硫黄酸化細菌の)
　67
Pyrobaculum islandicum　*58*

S⁰ ⇒ 単体硫黄
S₂O₃²⁻ ⇒ チオ硫酸イオン
³²S/³⁴S の比　*33, 34*
SO₃²⁻ ⇒ 亜硫酸イオン
SO₄²⁻ ⇒ 硫酸イオン
Starkeya novella　*36, 37 ,43, 73*
　——における硫黄化合物の酸化
　　メカニズム　*45*
　——用無機培地　*38, 42, 63,*
　97, 98, 102

Thiobacillus 属　*47*
Thiobacillus ferrooxidans=
　Acidithiobacillus ferrooxidans
Thiobacillus neapolitanus　*22,*
　23, 37, 66, 67, 68, 70, 71, 72,
　73, 101
Thiobacillus novellus=
　Starkeya novella
Thiobacillus thiooxidans=
　Acidihiobacillus thiooxidans

Thiobacillus thioparus 37
Thiobacillus versutus=
　Paracoccus versutus

U ⇒ ウラン

Zymomonas 属　　7, 8

【あ】

亜硝酸 (HNO_2)　　11, 12
亜硝酸イオン (NO_2^-)　　9
亜硝酸オキシドレダクターゼ　　14
亜硝酸酸化細菌　　11, 12
亜硝酸レダクターゼ　　14
アデニリル硫酸 ⇒ アデノシン–5′–ホスホ硫酸 (APS)
5′–アデニル酸 (AMP)　　1, 27, 29
アデノシン–5′–三リン酸 (ATP)　　1, 2, 3, 4, 6, 7, 9, 10, 11, 13, 24, 27, 41
アデノシン–5′–二リン酸 (ADP)　　1, 2, 7, 27, 29
アデノシン–5′–ホスホ硫酸 (APS)　　27, 29, 30, 31
亜硫酸 (H_2SO_3)　　42, 43, 44, 45
亜硫酸イオン (SO_3^{2-})　　31
亜硫酸塩　　30, 31
亜硫酸–シトクロム *c* オキシドレダクターゼ　　45
アルコール発酵　　7
アンモニア (NH_3)　　11, 9
アンモニア酸化細菌　　11

【い, う】

硫黄呼吸　　35
硫黄酸化細菌　　11, 36, 39, 42, 46, 48, 61, 63, 64, 71, 72, 73, 74, 75, 78, 79, 80, 85, 87, 88, 92, 98, 101, 103, 104, 105, 106
硫黄ジオキシゲナーゼ　　44
石の病気　　106

ウラン (U)　　55

【え, お】

S 6 培地　　36, 38, 42, 63, 65, 66, 67, 68, 78, 80, 81, 84
エネルギー獲得様式　　3
エポキシ樹脂　　88
塩化第二鉄 ($FeCl_3$)　　56
黄銅鉱 ($CuFeS_2$)　　54

オーバーカッティング工法　　93, 105

【か】

化学合成従属 (化学有機) 栄養　　9, 24
化学合成独立 (化学無機) 栄養　　9, 24, 48
核酸塩基　　18, 19
還元型グルタチオン (GSH)　　44

【き】

ギ酸カルシウム　　53, 68, 69, 74, 75, 78, 83, 84, 85, 86, 98, 106
基質レベルのリン酸化　　10, 27, 28, 29, 30
キノールオキシダーゼ　　4, 14, 16
9K 培地　　50, 98, 99, 100, 101
金 (Au)　　57, 58, 59
銀 (Ag)　　57, 59

【く, け】

グラム陰性細菌　　5
グラム染色　　5
グラム陽性細菌　　5
黒鉱　　57, 58
クロム酸法 (硫酸の定量法)　　103

下水処理施設　　63, 70, 71, 75, 77, 80, 83, 88
頁岩　　94

【こ】

好酸性鉄酸化細菌　　11, 12, 76, 77, 78, 85, 88, 94, 101, 102, 103, 104, 105, 106
酵母　　7, 8
コエンザイム A(CoASH)　　27, 28
呼吸　　3, 10
固形培地　　41
コロニー　　39, 40
コンクリート (壁) の修復　　88
コンクリート製浄化槽　　80
コンクリートの腐食　　36, 61, 63, 73, 83

【さ】

細菌数　　40
細菌の活動量 (被腐食コンクリートの)　　81
坂口フラスコ　　36, 63
酸化型グルタチオン (GSSG)　　44
三価鉄イオン (Fe^{3+})　　11, 12, 13, 50, 51, 56, 57, 60, 78, 99, 100, 101, 103, 104
酸素 (O_2)　　3, 4, 6, 8, 9, 11, 16, 47, 48, 51

【し】

シアン化イオン (CN^-)　　44
シアン化ナトリウム (青酸ソーダ, NaCN)　　59
シトクロム　　4, 14
シトクロム a_1c_1　　14, 17
シトクロム aa_3　　14, 16
シトクロム b　　14
シトクロム bd　　14, 16
シトクロム bo　　14, 16
シトクロム c　　14, 16, 51, 52
シトクロム c_3　　14, 17, 27
シトクロム cd_1　　14, 17
シトクロム $c(Fe^{2+}) \Rightarrow$ フェロシトクロム c

シトクロム $c(Fe^{3+}) \Rightarrow$
　フェリシトクロム c
シトクロム c オキシダーゼ　*4,*
　11, 12, 14, 16, 51
シャーレ　*39, 41*
ジャロサイト　*105*
硝酸イオン (NO_3^-)　*4, 12, 13*
硝酸塩　*4, 5, 6, 9*
硝酸呼吸　*4, 6, 12*
シロヘム　*32*
新生代新第三紀　*92, 93*

【す】

水素イオン (H^+)　*10, 31*
水素ガス (H_2)　*9, 13*

【せ】

生菌数　*41, 42*
青酸ソーダ ⇒ シアン化ナトリウム ($NaCN$)
石膏 ($CaSO_4 \cdot 2H_2O$)　*91, 93,*
　104, 105
絶対嫌気性細菌　*24*
染色 (細菌細胞の)　*39, 40*

【た】

脱窒　*6*
脱窒細菌　*5*
単体硫黄 (S^0)　*9, 35, 36, 42, 43,*
　44, 45, 78

【ち】

チオシアン酸カリウム (ロダンカリ, KSCN)　*99*
チオ硫酸 ($H_2S_2O_3$)　*42, 43*
チオ硫酸イオン ($S_2O_3^{2-}$)　*9,*
　12, 13, 44, 64
チオ硫酸塩　*36*
チオ硫酸開裂酵素　*44*
窒素ガス (N_2)　*4, 5, 6, 13*
中性化 (コンクリートの)　*87,*
　88
チューブワーム　*47*
超好熱性細菌　*34, 58*

【つ, て, と】

束石　*90, 93*

泥岩　*89, 93, 97, 98, 99, 100,*
　101, 102, 104, 105
5′-デオキシアデニル酸　*18, 19*
5′-デオキシグアニル酸　*18, 19*
5′-デオキシシチジル酸　*18, 19*
5′-(デオキシ) チミジル酸　*18,*
　19
デオキシリボ核酸 (DNA)　*18,*
　19, 20, 21, 70
テストピース (コンクリートの腐食の)　*83, 84, 85, 86, 87, 88*
テトラチオン酸 ($H_2S_4O_6$)　*42,*
　43

銅 (Cu)　*57*

【に, ね】

二価鉄イオン (Fe^{2+})　　*9, 11, 12, 50, 51, 52, 53, 54, 55, 57, 59, 60, 100, 101, 103, 104*
二価鉄–チトクロム *c* オキシドレダクターゼ　*51*
二酸化炭素 (CO_2)　　*4, 6, 11, 13*
二酸化炭素呼吸　*13*
二重らせん構造 (DNA の)　*19, 20, 22*
二硫化鉄 (パイライト, FeS_2)　*54, 59, 89, 94, 100, 101, 102, 103, 104*

熱水噴出孔　*46, 47, 48, 58*

【は, ひ】

パイライト ⇒ 二硫化鉄 (FeS_2)
バクテリアリーチング　*54, 55*
曝露実験 (テストピースの)　*83*
発酵　*6, 10*
盤膨れ　*89, 93, 94, 97, 98, 99, 100, 104, 105*

ヒドロキシルアミン (NH_2OH)　*11*
被腐食コンクリート　*65, 66, 67, 69, 71, 72, 74, 75, 76, 77, 78, 80*

【ふ】

o–フェナントロリン法 ($Fe^{2+}+Fe^{3+}$ の定量の)　*99, 100*

フェリシトクロム *c*　*45*
フェレドキシン　*30*
フェロシトクロム *c*　*45*
フラビン酵素　*31*
プロトン (H^+)　*10, 31*
　——の濃度 (被腐食コンクリートの)　*82*

【へ, ほ】

平板培地　*40, 41*
ペトリ皿 ⇒ シャーレ
ヘム　*14*
ヘム A　*14, 15*
ヘム B　*14, 15*
ヘム C　*14, 15*
ヘム D　*14, 15*
ヘム D_1　*14, 15*
ヘム O　*14, 15*
ヘム P–460　*14*
ヘモグロビン (チューブワームの)　*47*

ポリマーセメント　*85*

【め, も】

メタン (CH_4)　*13*
メタン生成細菌　*13*

モリブデン酸塩　*32*

【ゆ】

融解点 T_m(DNA の)　　22

【ら，り】

ラスチシアニン　　51

硫化水素 (H_2S)　　4, 9, 11, 24, 26, 27, 31, 32, 33, 36, 42, 47, 52, 57, 62, 83, 87, 88, 89, 92, 95, 96, 97, 104, 106
硫化ナトリウム (Na_2S)　　42
硫酸 (H_2SO_4)　　43, 45, 65, 78, 79, 82, 87, 93, 104
——の定量 ⇒ クロム酸法
硫酸イオン (SO_4^{2-})　　4, 13, 27, 29, 102

硫酸塩　　4, 6, 9, 30
硫酸還元菌　　4, 5, 24, 25, 26, 27, 32, 33, 35, 62, 63, 96, 97, 104, 105
硫酸呼吸　　4, 24
硫酸第一鉄 ($FeSO_4$)　　54101
硫酸第二鉄 ($Fe_2(SO_4)_3$)　　54, 55, 56
硫酸銅 ($CuSO_4$)　　54

【る，ろ】

ルシフェラーゼ (ホタルの)　　41
ルシフェリン (ホタルの)　　41

ロダン塩法 (Fe^{3+} の定量の)　　99
ロダンカリ ⇒ チオシアン酸カリウム (KSCN)

著者紹介 ── 山中 健生(やまなか たてお)

── 東京工業大学 名誉教授 ──

- 1951 年　高知県立高知丸の内高等学校 卒業
- 1955 年　大阪大学理学部化学生物学コース 卒業
- 1960 年　大阪大学大学院理学研究科博士課程 修了
- 1960 年　理学博士，大阪大学
- 1960 年　大阪大学 助手（理学部）
- 1968 年　大阪大学 助教授（理学部）
- 1982 年　東京工業大学 教授（理学部）
- 1990 年　東京工業大学 教授（生命理工学部）
- 1993 年　日本大学 教授（理工学部）
- 2002 年　高知工科大学 客員教授　現在に至る

著　書

環境にかかわる微生物学入門（生物工学系テキストシリーズ），講談社 (2003)
微生物学への誘い，培風館 (2001)
独立栄養細菌の生化学，アイピーシー (1999)
改訂 微生物のエネルギー代謝，学会出版センター (1999)
生化学入門，学会出版センター (1997)
呼吸酵素の生化学，共立出版 (1993)
入門生物地球化学，学会出版センター (1992)
The Biochemistry of Bacterial Cytochromes, Japan Scientific Societies Press & Springer-Verlag(1992)
無機物だけで生きてゆける細菌（未来の生物科学シリーズ），共立出版 (1987)
進化生化学序説，講談社 (1976)

微生物が家を破壊する
── コンクリートの腐食と宅地の盤膨れ ──

2004 年 8 月 25 日　1 版 1 刷　発行

定価はカバーに表示してあります

ISBN 4-7655-0241-4 C3045

著　者　山　中　健　生

発行者　長　　祥　　隆

発行所　技報堂出版株式会社

〒102-0075　東京都千代田区三番町 8-7
（第 25 興和ビル）

日本書籍出版協会会員
自然科学書協会会員
工学書協会会員
土木・建築書協会会員

電　話　営業　(03) (5215) 3165
　　　　編集　(03) (5215) 3161
Ｆ Ａ Ｘ　　　(03) (5215) 3233
振 替 口 座　　00140-4-10
http://www.gihodoshuppan.co.jp/

Printed in Japan

Ⓒ Tateo Yamanaka, 2004

装幀　冨澤 崇　　印刷・製本　三美印刷

落丁・乱丁はお取り替えいたします．
本書の無断複写は，著作権法上での例外を除き，禁じられています．

●小社刊行図書のご案内●

コンクリート便覧(第二版)	日本コンクリート工学協会編 B5・970頁
セメント・セッコウ・石灰ハンドブック	無機マテリアル学会編 A5・766頁
コンクリート工学−微視構造と材料特性	P.K.Mehtaほか著/田澤榮一ほか監訳 A5・406頁
コンクリート構造物の**応力と変形**−クリープ・乾燥収縮・ひび割れ	A.Ghaliほか著/川上浩ほか訳 A5・446頁
鉄筋コンクリート工学−限界状態設計法へのアプローチ(第三版)	大塚浩司ほか著 A5・254頁
入門鉄筋コンクリート工学(第二版)	村田二郎編著 A5・256頁
コンクリートの高性能化	長瀧重義監修 A5・238頁
基礎から学ぶ **鉄筋コンクリート工学**	藤原忠司ほか著 A5・216頁
コンクリートの長期耐久性−小樽港百年耐久性試験に学ぶ	長瀧重義監修 A5・278頁
エコセメントコンクリート 利用技術マニュアル	土木研究所編著 A5・118頁
コンクリートの水密性とコンクリート構造物の**水密性設計**	村田二郎著 A5・160頁
コンクリート構造物の**診断と補修**−メンテナンス A to Z	R.T.L.Allenほか編/小柳洽監修 A5・238頁
繊維補強セメント/コンクリート複合材料	真嶋光保ほか著 A5・214頁
コンクリート工学演習(第四版)	村田二郎監修 A5・236頁
コンクリートの知識(第五版)[図解土木講座]	小谷昇ほか著 B5・112頁
コンクリートのはなしⅠ・Ⅱ[はなしシリーズ]	藤原忠司ほか編著 B6・各230頁
土木用語大辞典	土木学会編 B5・1700頁

技報堂出版 | TEL営業03(5215)3165 編集03(5215)3161
FAX03(5215)3233